Des fiches de résumé pour
Apprendre – Comprendre – Vérifier

Analyse, algèbre, géométrie
Livre 2/2

Fiche 03 FA	– Fonction logarithme népérien	Page 2
Fiche 04 FA	– Fonction exponentielle	Page 3
Fiche 05 FA	– Fonctions circulaires et hyperboliques	Page 4
Fiche 05 FV	– Fonctions circulaires et hyperboliques	Page 26
Fiche 05 FA	– Primitives - Intégrales définies	Page 5
Fiche 05 FA	– Primitives usuelles	Page 14
Fiche 05 FV	– Primitives usuelles	Page 27
Fiche 05 FA	– Développements limités au voisinage de 0	Page 15
Fiche 05 FV	– Développements limités au voisinage de 0	Page 28
Fiche 11 FA	– Équations différentielles	Page 16
Fiche 11 FC	– Équations différentielles	Page 17
Fiche 11 FV	– Équations différentielles	Page 29
Fiche 33 FA	– Espaces vectoriels	Page 23
Fiche 34 FA	– Applications linéaires	Page 24
Fiche 42 FA	– Sections planes de surfaces	Page 25

Pages 30, 31 et 32 : utilisation de la Ti89, Ti92 et V200.

Maj.	min.	Nom	Maj.	min.	Nom	Maj.	min.	Nom
A	α	alpha	I	ι	iota	P	ρ	rhô
B	β	bêta	K	κ	kappa	Σ	σ	sigma
Γ	γ	gamma	Λ	λ	lambda	T	τ	tau
Δ	δ	delta	M	μ	mu	Υ	υ	upsilon
E	ε	epsilon	N	ν	nu	Φ	φ	phi
Z	ζ	zêta ou dzéta	Ξ	ξ	xi, ksi	X	χ	khi
H	η	êta	O	ο	omicron	Ψ	φ	psi
Θ	θ	thêta	Π	π	pi	Ω	ω	oméga

Fonction logarithme népérien

Définition: La fct logarithme népérien est la primitive de la fct inverse sur $]0,+\infty[$ prenant la valeur 0 en 1.

Propriétés: Pour tous réels a et b strictement positifs, et α un rationnel:

$$\boxed{\ln(ab) = \ln(a) + \ln(b)} \quad \boxed{\ln\left(\frac{a}{b}\right) = \ln(a) - \ln(b)} \quad \boxed{\ln(a^\alpha) = \alpha \ln(a)} \quad \boxed{a^\alpha = e^{\alpha \cdot \ln(a)}}$$

Dérivée: La fonction ln est dérivable sur $]0,+\infty[$ et pour tout x strictement positif:

$$\boxed{(\ln(x))' = \frac{1}{x}} \quad (\ln \circ u)'(x) = (\ln(u(x)))' = \frac{u'(x)}{u(x)} \Leftrightarrow (\ln \circ u)' = \frac{u'}{u} \Leftrightarrow \boxed{[\ln(u)]' = \frac{u'}{u}}$$

Primitive: On a $\boxed{\int \frac{1}{x} dx = \ln|x| + k}$ et $\boxed{\int \frac{u'}{u} = \ln|u| + k}$ avec $k \in \mathbb{R}$

Limite:

$$\boxed{\lim_{h \to 0} \frac{\ln(1+h)}{h} = 1} \Leftrightarrow \lim_{x \to 1} \frac{\ln(x)}{x-1} = 1 \quad \boxed{\lim_{x \to 0^+} (\ln(x)) = -\infty} \quad \boxed{\lim_{x \to +\infty} (\ln(x)) = +\infty}$$

$$\boxed{\lim_{x \to +\infty} \left(\frac{\ln(x)}{x}\right) = 0} \quad \boxed{\lim_{x \to +\infty} \left(\frac{\ln(x)}{x^n}\right) = 0} \quad \boxed{\lim_{x \to 0^+} (x \cdot \ln(x)) = 0} \quad \boxed{\lim_{x \to 0^+} (x^n \cdot \ln(x)) = 0}$$

Méthode: Lors de la recherche de limites en $+\infty$, si on obtient une forme indéterminée, [ex: $\ln(x)/(7x-1)$ ou $\ln(x)-2x$ en $+\infty$)] il faut faire apparaître $\ln(x)/x$ en factorisant.

Tableau des variations et courbe:

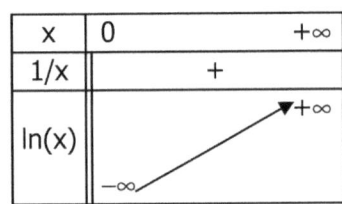

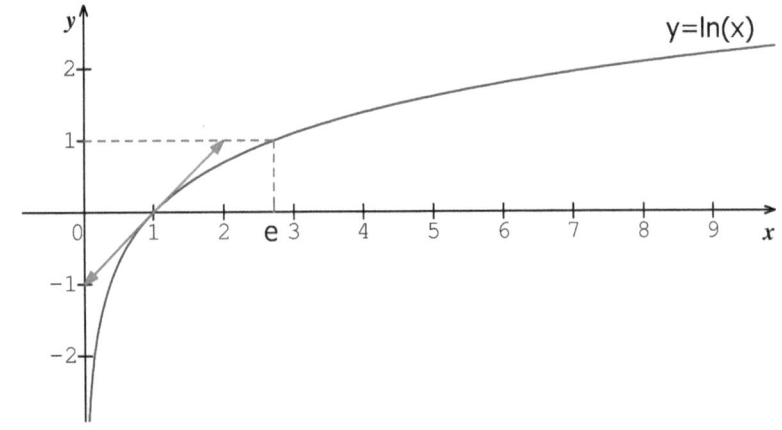

- L'axe des ordonnées (Oy) est asymptote pour x tend vers 0^+
- Le coefficient directeur de la tangente en $x=1$ est $\ln'(x)=1/x=1$

Bijection:
- La fonction ln réalise une bijection strictement croissante de $]0,+\infty[$ sur $\mathbb{R}$; c'est-à-dire que pour tout réel λ l'équation $\ln(x)=\lambda$ admet une unique solution dans $]0,+\infty[$.
  Et en particulier: $\boxed{\ln(1)=0}$ $\boxed{\ln(e)=1}$ $e \approx 2{,}718$: c'est la base du logarithme népérien
- Deux nombres >0 ont le même logarithme ssi ils sont égaux: $\boxed{\ln(a)=\ln(b) \Leftrightarrow a=b}$
- Deux nombres >0 ont leurs images rangées dans le même ordre: $\boxed{\ln(a)>\ln(b) \Leftrightarrow a>b}$
- Pour tout rationnel α alors: $\boxed{\ln(x)=\alpha \Leftrightarrow x=e^\alpha}$

Ln base 10: La fct logarithme décimal, ou fct logarithme de base 10, notée log, est la fct définie sur $\mathbb{R}_+^*$ par:

$$\boxed{\log(x) = \frac{\ln(x)}{\ln(10)}} \text{ et bien évidemment: } \log(ab) = \log(a) + \log(b) \; ; \; \log\left(\frac{a}{b}\right) = \log(a) - \log(b)$$

Fonction exponentielle

La photocopie tue le livre

Définition: La fonction logarithme népérien réalise une bijection de $]0,+\infty[$ sur $\mathbb{R}$. La fonction exponentielle est la bijection réciproque de la fonction logarithme népérien, elle est donc définie sur $\mathbb{R}$.

Notation: La fonction exponentielle de x est notée $\exp(x)$ ou encore e^x. Pour tout x de $\mathbb{R}$ on a: $\exp(x)>0$

$$\boxed{\exp(x) = e^x} \quad \boxed{\ln(e) = 1} \quad \boxed{\ln(e^x) = x} \quad \boxed{e^{\ln(x)} = x} \quad \boxed{e^x = y \Leftrightarrow x = \ln(y)}$$

Propriétés: Pour tous réels a et b on a les égalités suivantes:

$$\boxed{e^{a-b} = \frac{e^a}{e^b}} \quad \boxed{e^{-b} = \frac{1}{e^b}} \quad \boxed{e^a \times e^b = e^{a+b}} \quad \boxed{(e^a)^b = e^{a \times b}}$$

$$\boxed{e^a = e^b \Leftrightarrow a = b} \quad \boxed{e^a > e^b \Leftrightarrow a > b} \quad \boxed{x^n = e^{n \cdot \ln(x)}} \quad \boxed{\sqrt[n]{x} = x^{\frac{1}{n}}}$$

Dérivée: La fonction exp est dérivable sur $\mathbb{R}$, on a: $\boxed{(e^x)' = e^x}$, $\boxed{(e^u)' = u' \cdot e^u}$ soit $\boxed{(e^{ax+b})' = a \cdot e^{ax+b}}$

Donc la fonction $f : x \mapsto e^{ax+b}$ est:
- strictement décroissante sur $\mathbb{R}$ lorsque a<0
- strictement croissante sur $\mathbb{R}$ lorsque a>0

Primitive: Le calcul des primitives de la fct exp donne: $\boxed{\int e^x \, dx = e^x + k}$ et $\boxed{\int u' \, e^u \, dx = e^u + k}$ avec $k \in \mathbb{R}$

Limite: $\boxed{\lim_{x \to 0}\left(\frac{e^x - 1}{x}\right) = 1} \Rightarrow$ Au voisinage de 0: $\underline{e^x \approx 1 + x} \Leftrightarrow$ meilleur approximation affine de e^x en 0

$$\boxed{\lim_{x \to -\infty}(e^x) = 0^+} \quad \boxed{\lim_{x \to +\infty}(e^x) = +\infty} \quad \boxed{\lim_{\substack{x \to +\infty \\ \alpha \in \mathbb{R}^+}}\left(\frac{e^x}{x^\alpha}\right) = +\infty} \quad \boxed{\lim_{\substack{x \to +\infty \\ \alpha \in \mathbb{R}^+}}\left(\frac{\ln(x)}{x^\alpha}\right) = 0^+} \quad \boxed{\lim_{\substack{x \to -\infty \\ n \in \mathbb{N}}}(x^n \cdot e^x) = 0^+}$$

Tableau des variations et courbe de la fct exp:

- La fonction exp est une bijection strictement croissante de $\mathbb{R}$ sur $\mathbb{R}_+^*$
- Dans le plan muni d'un repère orthonormal, les courbes ln et exp sont symétriques par rapport à la droite d'équation y=x
- Le tableau des variations de la fonction exp est:

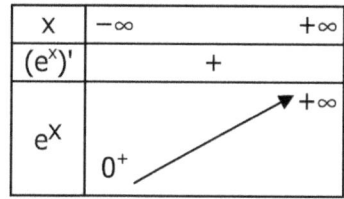

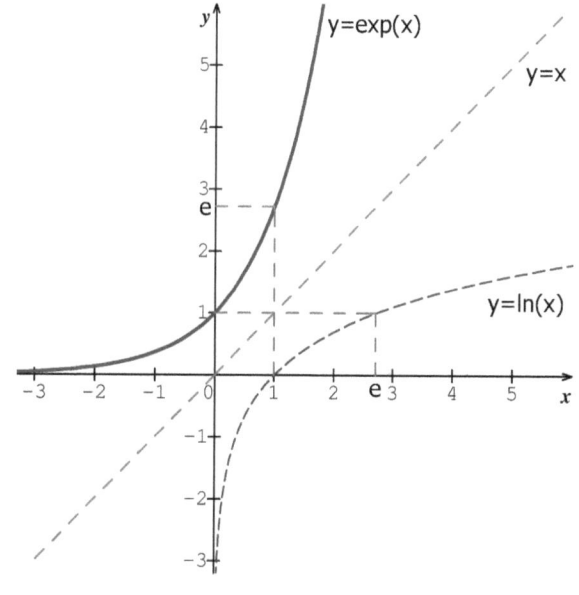

Fonctions circulaires et hyperboliques

La photocopie tue le livre

Remplacer **cos** par **ch** et **sin** par **i.sh** ($i^2=-1$). <u>Attention</u>: pour les dérivées cette propriété n'est plus valable.

$$\cos^2\alpha + \sin^2\alpha = 1$$
$$\cos(\alpha+\beta) = \cos\alpha \cdot \cos\beta - \sin\alpha \cdot \sin\beta$$
$$\sin(\alpha+\beta) = \sin\alpha \cdot \cos\beta + \sin\beta \cdot \cos\alpha$$
$$\tan(\alpha+\beta) = \frac{\tan\alpha + \tan\beta}{1 - \tan\alpha \cdot \tan\beta}$$
$$\cos(\alpha-\beta) = \cos\alpha \cdot \cos\beta + \sin\alpha \cdot \sin\beta$$
$$\sin(\alpha-\beta) = \sin\alpha \cdot \cos\beta - \sin\beta \cdot \cos\alpha$$
$$\tan(\alpha-\beta) = \frac{\tan\alpha - \tan\beta}{1 + \tan\alpha \cdot \tan\beta}$$
$$\cos(2\alpha) = 2\cos^2\alpha - 1$$
$$= 1 - 2\sin^2\alpha$$
$$= \cos^2\alpha - \sin^2\alpha$$
$$\sin(2\alpha) = 2\sin\alpha \cdot \cos\alpha$$
$$\tan(2\alpha) = \frac{2\tan\alpha}{1 - \tan^2\alpha}$$
$$\cos\alpha \cdot \cos\beta = \frac{1}{2}\left[\cos(\alpha+\beta) + \cos(\alpha-\beta)\right]$$
$$\sin\alpha \cdot \sin\beta = \frac{1}{2}\left[\cos(\alpha-\beta) - \cos(\alpha+\beta)\right]$$
$$\sin\alpha \cdot \cos\beta = \frac{1}{2}\left[\sin(\alpha+\beta) + \sin(\alpha-\beta)\right]$$
$$\cos\alpha + \cos\beta = 2 \cdot \cos\frac{\alpha+\beta}{2} \cdot \cos\frac{\alpha-\beta}{2}$$
$$\cos\alpha - \cos\beta = -2 \cdot \sin\frac{\alpha+\beta}{2} \cdot \sin\frac{\alpha-\beta}{2}$$
$$\sin\alpha + \sin\beta = 2 \cdot \sin\frac{\alpha+\beta}{2} \cdot \cos\frac{\alpha-\beta}{2}$$
$$\sin\alpha - \sin\beta = 2 \cdot \sin\frac{\alpha-\beta}{2} \cdot \cos\frac{\alpha+\beta}{2}$$

si $t = \tan\frac{\alpha}{2}$ alors $\begin{cases} \sin\alpha = \dfrac{2t}{1+t^2} \\ \cos\alpha = \dfrac{1-t^2}{1+t^2} \\ \tan\alpha = \dfrac{2t}{1-t^2} \end{cases}$

$$(\cos\alpha)' = -\sin\alpha$$
$$(\sin\alpha)' = \cos\alpha$$
$$(\tan\alpha)' = 1 + \tan^2\alpha = \frac{1}{\cos^2\alpha}$$
$$(\arccos\alpha)' = \frac{-1}{\sqrt{1-\alpha^2}} \quad |\alpha|<1$$
$$(\arcsin\alpha)' = \frac{1}{\sqrt{1-\alpha^2}} \quad |\alpha|<1$$
$$(\arctan\alpha)' = \frac{1}{1+\alpha^2}$$

$$\text{ch}^2\alpha - \text{sh}^2\alpha = 1$$
$$\text{ch}(\alpha+\beta) = \text{ch}\alpha \cdot \text{ch}\beta + \text{sh}\alpha \cdot \text{sh}\beta$$
$$\text{sh}(\alpha+\beta) = \text{sh}\alpha \cdot \text{ch}\beta + \text{sh}\beta \cdot \text{ch}\alpha$$
$$\text{th}(\alpha+\beta) = \frac{\text{th}\alpha + \text{th}\beta}{1 + \text{th}\alpha \cdot \text{th}\beta}$$
$$\text{ch}(\alpha-\beta) = \text{ch}\alpha \cdot \text{ch}\beta - \text{sh}\alpha \cdot \text{sh}\beta$$
$$\text{sh}(\alpha-\beta) = \text{sh}\alpha \cdot \text{ch}\beta - \text{sh}\beta \cdot \text{ch}\alpha$$
$$\text{th}(\alpha-\beta) = \frac{\text{th}\alpha - \text{th}\beta}{1 - \text{th}\alpha \cdot \text{th}\beta}$$
$$\text{ch}(2\alpha) = 2\text{ch}^2\alpha - 1$$
$$= 1 + 2\text{sh}^2\alpha$$
$$= \text{ch}^2\alpha + \text{sh}^2\alpha$$
$$\text{sh}(2\alpha) = 2\text{sh}\alpha \cdot \text{ch}\alpha$$
$$\text{th}(2\alpha) = \frac{2\text{th}\alpha}{1 + \text{th}^2\alpha}$$
$$\text{ch}\alpha \cdot \text{ch}\beta = \frac{1}{2}\left[\text{ch}(\alpha+\beta) + \text{ch}(\alpha-\beta)\right]$$
$$\text{sh}\alpha \cdot \text{sh}\beta = \frac{1}{2}\left[\text{ch}(\alpha+\beta) - \text{ch}(\alpha-\beta)\right]$$
$$\text{sh}\alpha \cdot \text{ch}\beta = \frac{1}{2}\left[\text{sh}(\alpha+\beta) + \text{sh}(\alpha-\beta)\right]$$
$$\text{ch}\alpha + \text{ch}\beta = 2 \cdot \text{ch}\frac{\alpha+\beta}{2} \cdot \text{ch}\frac{\alpha-\beta}{2}$$
$$\text{ch}\alpha - \text{ch}\beta = 2 \cdot \text{sh}\frac{\alpha+\beta}{2} \cdot \text{sh}\frac{\alpha-\beta}{2}$$
$$\text{sh}\alpha + \text{sh}\beta = 2 \cdot \text{sh}\frac{\alpha+\beta}{2} \cdot \text{ch}\frac{\alpha-\beta}{2}$$
$$\text{sh}\alpha - \text{sh}\beta = 2 \cdot \text{sh}\frac{\alpha-\beta}{2} \cdot \text{ch}\frac{\alpha+\beta}{2}$$

si $t = \text{th}\frac{\alpha}{2}$ alors $\begin{cases} \text{sh}\alpha = \dfrac{2t}{1-t^2} \\ \text{ch}\alpha = \dfrac{1+t^2}{1-t^2} \\ \text{th}\alpha = \dfrac{2t}{1+t^2} \end{cases}$

$$(\text{ch}\alpha)' = \text{sh}\alpha$$
$$(\text{sh}\alpha)' = \text{ch}\alpha$$
$$(\text{th}\alpha)' = 1 - \text{th}^2\alpha = \frac{1}{\text{ch}^2\alpha}$$
$$(\text{argch}\alpha)' = \frac{1}{\sqrt{\alpha^2-1}} \quad \alpha>1$$
$$(\text{argsh}\alpha)' = \frac{1}{\sqrt{\alpha^2+1}}$$
$$(\text{argth}\alpha)' = \frac{1}{1-\alpha^2} \quad |\alpha|<1$$

Primitives – Intégrales définies

Définition: *Primitive d'une fonction*
Soit f une fonction définie sur un intervalle I.
On appelle primitive de f sur I, toute fonction F définie et dérivable sur I, dont la dérivée est f.

Exemple:
La fonction f définie sur $\mathbb{R}$ par $f(x)=2x$ a pour primitive la fonction F définie sur $\mathbb{R}$ par $F(x)=x^2$. En effet, F est dérivable sur $\mathbb{R}$ et on a F'=f. On aurait aussi pu choisir F définie par $F(x)=x^2+1$ ou $F(x)=x^2+3$, et plus généralement, si k est une constante réelle, $F(x)=x^2+k$. Une fonction n'a pas donc pas une seule primitive.

Propriétés:
- $\boxed{\text{Si } f(x) = x^n \text{ alors } F(x) = \dfrac{x^{n+1}}{n+1}+k \text{ avec } k \in \mathbb{R} \text{ et } n \in \mathbb{Q}-\{-1\}}$
- $\boxed{\int f(x)\,dx = F(x)}$ si les bornes ne sont pas précisées.
- $\boxed{\int_a^b f(x)\,dx = \left[F(x)\right]_a^b = F(b) - F(a)}$ si les bornes sont imposées ; on parle de calcul intégral.
- $\boxed{\int x^n\,dx = \dfrac{x^{n+1}}{n+1}+k \text{ avec } k \in \mathbb{R} \text{ et } n \in \mathbb{Q}\setminus\{-1\}}$
- $\boxed{\text{Si } f = u'u^n \text{ alors } F = \dfrac{u^{n+1}}{n+1}+k,\ \text{avec } \begin{cases} k \in \mathbb{R} \\ n \neq -1 \end{cases}}$ que l'on peut noter $\boxed{\int u'u^n = \dfrac{u^{n+1}}{n+1}+k,\ \begin{cases} k \in \mathbb{R} \\ n \neq -1 \end{cases}}$

01 Pour chacune des fonctions f ci-après, définies sur un intervalle I, donner toutes les primitives F de f sur I.

Si $f(x) = \dfrac{5}{x^3} = 5x^{-3}$

alors $5\dfrac{x^{-3+1}}{-3+1} = 5\dfrac{x^{-2}}{-2} = \dfrac{-5}{2x^2}$

donc $F(x) = \dfrac{-5}{2x^2}+k,\ k \in \mathbb{R}$

Si $f(x) = x - \dfrac{1}{x^2}$

alors $\dfrac{x^{1+1}}{1+1} - \dfrac{x^{-2+1}}{-2+1} = \dfrac{x^2}{2} - \dfrac{x^{-1}}{-1}$

donc $\boxed{F(x) = \dfrac{x^2}{2} + \dfrac{1}{x} + k,\ k \in \mathbb{R}}$

Si $f(x) = \dfrac{\sqrt{x}}{x^2}$

on a $f(x) = \dfrac{\sqrt{x}}{x^2} = x^{\frac{1}{2}-2} = x^{-\frac{3}{2}}$

alors $\dfrac{x^{-\frac{3}{2}+1}}{-\frac{3}{2}+1} = \dfrac{x^{-\frac{3}{2}+\frac{2}{2}}}{-\frac{3}{2}+\frac{2}{2}} = \dfrac{x^{-\frac{1}{2}}}{-\frac{1}{2}} = \dfrac{-2}{x^{\frac{1}{2}}}$

donc $\boxed{F(x) = \dfrac{-2}{\sqrt{x}}+k,\ k \in \mathbb{R}}$

Si $f(x) = 5x^2 + \dfrac{x}{2\sqrt{x}}$

on a $5x^2 + \dfrac{x}{2\sqrt{x}} = 5x^2 + \dfrac{1}{2}x^{\frac{1}{2}}$

alors $5\dfrac{x^{2+1}}{2+1} + \dfrac{1}{2}\dfrac{x^{\frac{1}{2}+1}}{\frac{1}{2}+1} = 5\dfrac{x^3}{3} + \dfrac{1}{\cancel{2}}\dfrac{x^{\frac{3}{2}}}{\frac{3}{\cancel{2}}}$

$\boxed{F(x) = \dfrac{5}{3}x^3 + \dfrac{x^{\frac{3}{2}}}{3}+k = \dfrac{5}{3}x^3 + \dfrac{x\sqrt{x}}{3}+k}$

02 Pour chacune des fonctions f ci-après, définies sur un intervalle I, donner toutes les primitives F de f sur I.

- Si $f(x) = \dfrac{1+2x}{(x^2+x+1)^4}$ Dénominateur non nul sur $\mathbb{R}$

  alors $\int \dfrac{1+2x}{(x^2+x+1)^4}\,dx = \int (1+2x)(x^2+x+1)^{-4}\,dx$

  $= \int u'u^{-4}\,dx = \dfrac{u^{-4+1}}{-4+1} = \dfrac{-1}{3u^3}+k$

  donc $\boxed{F(x) = \dfrac{-1}{3(x^2+x+1)^3}+k \quad \text{avec } k \in \mathbb{R}}$

- Si $f(x) = \dfrac{3x}{\sqrt{1+x^2}}$ Dénominateur non nul

  alors $\int \dfrac{3x}{\sqrt{1+x^2}}\,dx = \dfrac{3}{2}\int \dfrac{2x}{\sqrt{1+x^2}}\,dx$

  $= \dfrac{3}{2}\int \dfrac{u'}{\sqrt{u}}\,dx = \dfrac{3}{\cancel{2}} \times \cancel{2}\sqrt{u}+k$

  donc $\boxed{F(x) = 3\sqrt{1+x^2}+k \quad \text{avec } k \in \mathbb{R}}$

- $f(x) = (x+1)(3x^2+6x-7)^5$ Nous utilisons: $f(x) = u'u^n \Rightarrow F(x) = \dfrac{u^{n+1}}{n+1}$

  Si $u(x) = 3x^2+6x-7$ alors $u'(x) = 6(x+1)$

  $\Rightarrow F(x) = \dfrac{1}{6}\dfrac{(3x^2+6x-7)^{5+1}}{5+1} \Rightarrow \boxed{F(x) = \dfrac{1}{36}(3x^2+6x-7)^6+k \quad \text{avec } k \in \mathbb{R}}$

- $f(x) = (10x^4 + 6)(x^5 + 3x + 1)$ Nous utilisons: $f(x) = u'u^n \Rightarrow F(x) = \dfrac{u^{n+1}}{n+1}$

    Si $u(x) = x^5 + 3x + 1$ alors $u'(x) = 5x^4 + 3$

    $\Rightarrow F(x) = 2(x^5 + 3x + 1)^{1+1}/(1+1) \Rightarrow \boxed{F(x) = (x^5 + 3x + 1)^2 + k \quad \text{avec } k \in \mathbb{R}}$

- $f(x) = \sin(x)\cos^4(x)$ Nous utilisons: $f(x) = u'u^n \Rightarrow F(x) = \dfrac{u^{n+1}}{n+1}$

    $\Rightarrow F(x) = \dfrac{-\cos^{4+1}(x)}{4+1} \Rightarrow \boxed{F(x) = \dfrac{-\cos^5(x)}{5} + k \quad \text{avec } k \in \mathbb{R}}$

- $f(x) = \dfrac{x^3}{(x^4 + 2)^3}$ Nous utilisons: $f(x) = u'u^n \Rightarrow F(x) = \dfrac{u^{n+1}}{n+1}$

    Si $u(x) = x^4 + 2$ alors $u'(x) = 4x^3$

    $\Rightarrow F(x) = \dfrac{1}{4}\dfrac{(x^4 + 2)^{-3+1}}{-3+1} \Rightarrow \boxed{F(x) = \dfrac{-1}{8(x^4 + 2)^2} + k \quad \text{avec } k \in \mathbb{R}}$

- $f(x) = \dfrac{x}{\sqrt{4 - x^2}}$ Nous utilisons: $f(x) = u'u^n \Rightarrow F(x) = \dfrac{u^{n+1}}{n+1}$

    Si $u(x) = 4 - x^2$ alors $u'(x) = -2x$

    $\Rightarrow F(x) = \dfrac{1}{-2}\dfrac{(4 - x^2)^{-\frac{1}{2}+1}}{-1/2 + 1} \Rightarrow \boxed{F(x) = -\sqrt{4 - x^2} + k \quad \text{avec } k \in \mathbb{R}}$

- $f(x) = \dfrac{8x^2 + 8x + 3}{(2x + 1)^2}$ Nous utilisons: $f(x) = u'u^n \Rightarrow F(x) = \dfrac{u^{n+1}}{n+1}$

    Si $u(x) = 2x + 1$ alors $u'(x) = 2$

    on ne peut pas conclure, il faut effectuer une division polynomiale:

    Ainsi $(8x^2 + 8x + 3) = (2x + 1)(4x + 2) + 1$

    donc $f(x) = \dfrac{(2x+1)(4x+2) + 1}{(2x+1)^2} = \dfrac{(2x+1)(4x+2)}{(2x+1)^2} + \dfrac{1}{(2x+1)^2}$

    et $f(x) = \dfrac{2(2x+1)}{2x+1} + \dfrac{1}{(2x+1)^2} = 2 + \dfrac{1}{(2x+1)^2}$

    $\Rightarrow F(x) = 2x + \dfrac{1}{2}\dfrac{(2x+1)^{-2+1}}{-2+1} \Rightarrow \boxed{F(x) = 2x - \dfrac{1}{2(2x+1)} + k \quad \text{avec } k \in \mathbb{R}}$

```
8x²+8x+3 | 2x+1
-8x²-4x  |------
---------| 4x+2
   4x+3  |
   -4x-2 |
   ------|
      1  |
```

Propriété: *Intégration par parties*

Soient u et v deux fonctions dérivables sur un intervalle I dont les dérivées u' et v' sont continues sur I. Soient a et b deux éléments de I. Alors, on a:

$$\int_a^b u(x)v'(x)\,dx = \left[u(x)v(x)\right]_a^b - \int_a^b u'(x)v(x)\,dx$$

Remarques:
- La formule d'intégration par parties est basée sur la propriété des dérivées: $(uv)' = u'v + v'u$
- La formule d'intégration par parties pourra être retenue de façon abrégée sous la forme: $\int uv' = [uv] - \int u'v$
- Après avoir fait une intégration par parties, la nouvelle intégrale à calculer doit être plus simple que la première. Si ce n'est pas le cas, il faudra modifier le choix de u et v' (les inverser)
- On pourra, si besoin est, utiliser plusieurs fois l'intégration par parties

03 Calculer: $A = \int_0^{\frac{\pi}{2}} x \cos(x)\, dx$

- Posons $u(x) = x$ donc $u'(x) = 1$

  et $v(x) = \sin(x)$ d'où $v'(x) = \cos(x)$

  alors $A = \int_0^{\frac{\pi}{2}} u(x)v'(x)\, dx = \left[u(x)v(x)\right]_0^{\frac{\pi}{2}} - \int_0^{\frac{\pi}{2}} u'(x)v(x)\, dx = \left[x \cdot \sin(x)\right]_0^{\frac{\pi}{2}} - \int_0^{\frac{\pi}{2}} \sin(x)\, dx$

  $= \left[x \cdot \sin(x)\right]_0^{\frac{\pi}{2}} - \left[-\cos(x)\right]_0^{\frac{\pi}{2}} = \left[x \cdot \sin(x) + \cos(x)\right]_0^{\frac{\pi}{2}}$

  $= \left(\frac{\pi}{2}\sin\left(\frac{\pi}{2}\right) + \cos\left(\frac{\pi}{2}\right)\right) - \left(0\sin(0) + \cos(0)\right) = \left(\frac{\pi}{2} + 0\right) - (0 + 1) \Rightarrow \boxed{A = \frac{\pi}{2} - 1}$

---

04 Calculer: $B = \int_0^{\pi} x \sin(x)\, dx$

- Posons $u(x) = x$ donc $u'(x) = 1$

  et $v(x) = -\cos(x)$ d'où $v'(x) = \sin(x)$

  alors $B = \int_0^{\pi} u(x)v'(x)\, dx = \left[u(x)v(x)\right]_0^{\pi} - \int_0^{\pi} u'(x)v(x)\, dx = \left[-x \cdot \cos(x)\right]_0^{\pi} - \int_0^{\pi} -\cos(x)\, dx$

  $= \left[-x \cdot \cos(x)\right]_0^{\pi} - \left[-\sin(x)\right]_0^{\pi} = \left[-x \cdot \cos(x) + \sin(x)\right]_0^{\pi}$

  $= \left(-\pi \cdot \cos(\pi) + \sin(\pi)\right) - \left(0 \cdot \cos(0) + \sin(0)\right) = \left(-\pi \times (-1) + 0\right) - (0 + 0) \Rightarrow \boxed{B = \pi}$

---

05 Au moyen de deux intégrations par parties, calculer: $C = \int_{-\pi}^{0} x^2 \sin(2x)\, dx$

- Posons $u(x) = x^2$ donc $u'(x) = 2x$ et $v(x) = -\frac{1}{2}\cos(2x)$ d'où $v'(x) = \sin(2x)$

  alors $C = \int_{-\pi}^{0} u(x)v'(x)\, dx = \left[u(x)v(x)\right]_{-\pi}^{0} - \int_{-\pi}^{0} u'(x)v(x)\, dx = \left[-\frac{1}{2}x^2 \cos(2x)\right]_{-\pi}^{0} - \int_{-\pi}^{0} (2x)\left(-\frac{1}{2}\cos(2x)\right) dx$

  $\Leftrightarrow C = \left(0 + \frac{1}{2}(-\pi)^2 \cos(-2\pi)\right) - \int_{-\pi}^{0} (2x)\left(-\frac{1}{2}\cos(2x)\right) dx = \frac{1}{2}\pi^2 + \int_{-\pi}^{0} (x \cdot \cos(2x))\, dx$

- Posons $u(x) = x$ donc $u'(x) = 1$ et $v(x) = \frac{1}{2}\sin(2x)$ d'où $v'(x) = \cos(2x)$

  alors $C = \frac{1}{2}\pi^2 + \underbrace{\left[\frac{1}{2}x \cdot \sin(2x)\right]_{-\pi}^{0}}_{=0} - \int_{-\pi}^{0}\left(\frac{1}{2}\sin(2x)\right) dx = \frac{1}{2}\pi^2 + 0 - \underbrace{\left[-\frac{1}{4}\cos(2x)\right]_{-\pi}^{0}}_{=-1/4+1/4=0} \Rightarrow \boxed{C = \frac{\pi^2}{2}}$

---

06 Calculer: $D = \int_0^{\frac{\pi}{3}} x \sin(3x)\, dx$

- Posons $u(x) = x$ donc $u'(x) = 1$

  et $v(x) = -\frac{1}{3}\cos(3x)$ d'où $v'(x) = \sin(3x)$

  alors $D = \int_0^{\frac{\pi}{3}} u(x)v'(x)\, dx = \left[u(x)v(x)\right]_0^{\frac{\pi}{3}} - \int_0^{\frac{\pi}{3}} u'(x)v(x)\, dx = \left[-\frac{x}{3} \cdot \cos(3x)\right]_0^{\frac{\pi}{3}} - \int_0^{\frac{\pi}{3}} -\frac{1}{3}\cos(3x)\, dx$

  $= \left(-\frac{\pi/3}{3} \times \underbrace{\cos\left(\cancel{3}\frac{\pi}{\cancel{3}}\right)}_{=-1}\right) - \left(-\frac{0}{3} \times \cos(0)\right) + \frac{1}{3}\int_0^{\frac{\pi}{3}} \cos(3x)\, dx = +\frac{\pi}{9} + \frac{1}{3}\underbrace{\left[\frac{1}{3}\sin(3x)\right]_0^{\frac{\pi}{3}}}_{=0} \Rightarrow \boxed{D = \frac{\pi}{9}}$

07 On pose $I = \int_0^{\frac{\pi}{4}} (2x+1)\cos^2(x)\,dx$ et $J = \int_0^{\frac{\pi}{4}} (2x+1)\sin^2(x)\,dx$. Calculer $I+J$ puis $I-J$. En déduire I et J.

- On a $\quad I + J = \int_0^{\frac{\pi}{4}} (2x+1)\left[\underbrace{\cos^2(x) + \sin^2(x)}_{=1}\right]dx$

  donc $\quad I + J = \int_0^{\frac{\pi}{4}} (2x+1)\,dx = \left[x^2 + x\right]_0^{\frac{\pi}{4}} = \left(\frac{\pi^2}{4^2} + \frac{\pi}{4}\right) - (0^2 + 0) = \frac{\pi^2}{16} + \frac{\pi}{4} \;\Rightarrow\; \boxed{I + J = \frac{\pi^2}{16} + \frac{\pi}{4}}$

- De même $\quad I - J = \int_0^{\frac{\pi}{4}} (2x+1)\left[\cos^2(x) - \sin^2(x)\right]dx$

  or $\quad \cos(2x) = \cos^2(x) - \sin^2(x) = 2\cos^2(x) - 1 = 1 - 2\sin^2(x)$

  d'où $\quad I - J = \int_0^{\frac{\pi}{4}} (2x+1)\cos(2x)\,dx$

  posons $\quad u(x) = 2x + 1 \qquad$ donc $\quad u'(x) = 2$

  et $\quad v(x) = \frac{1}{2}\sin(2x) \qquad$ d'où $\quad v'(x) = \cos(2x)$

  alors $\quad I - J = \int_0^{\frac{\pi}{4}} u(x)v'(x)\,dx = \left[u(x)v(x)\right]_0^{\frac{\pi}{4}} - \int_0^{\frac{\pi}{4}} u'(x)v(x)\,dx$

  $= \left[(2x+1)\left(\frac{1}{2}\sin(2x)\right)\right]_0^{\frac{\pi}{4}} - \int_0^{\frac{\pi}{4}} \left(2 \cdot \frac{1}{2}\sin(2x)\right)dx$

  $= \left(\left(2\frac{\pi}{4}+1\right)\underbrace{\left(\frac{1}{2}\sin\left(2\frac{\pi}{4}\right)\right)}_{=1/2}\right) - \left((0+1)\underbrace{\left(\frac{1}{2}\sin(0)\right)}_{=0}\right) - \int_0^{\frac{\pi}{4}} (\sin(2x))\,dx$

  $= \frac{1}{2}\left(\frac{\pi}{2}+1\right) - 0 - \left[-\frac{1}{2}\cos(2x)\right]_0^{\frac{\pi}{4}} = \frac{\pi}{4} + \frac{1}{2} - \left[\underbrace{-\frac{1}{2}\cos\left(\frac{\pi}{2}\right)}_{=0} + \underbrace{\frac{1}{2}\cos(0)}_{=1/2}\right] = \frac{\pi}{4} + \frac{1}{2} - \underbrace{\frac{1}{2}}_{=0} \;\Rightarrow\; \boxed{I - J = \frac{\pi}{4}}$

- Le système $\begin{cases} I + J = \dfrac{\pi^2}{16} + \dfrac{\pi}{4} \\ I - J = \dfrac{\pi}{4} \end{cases}$ donne après résolution $\boxed{I = \dfrac{\pi^2}{32} + \dfrac{\pi}{4}}$ et $\boxed{J = \dfrac{\pi^2}{32}}$

Définition : *Intégrale de a à b d'une fonction f*

Soit f une fonction continue et positive sur un intervalle $[a;b]$.
Soit (C) sa courbe représentative dans un repère orthogonal $(O;\vec{i},\vec{j})$.

On appelle intégrale de a à b de la fonction f, et on note $\int_a^b f(x)\,dx$,
le réel mesurant l'aire, en unités d'aire, de la partie du plan limitée
par la courbe (C), l'axe des abscisses Ox et les droites $x=a$ et $x=b$,
c'est-à-dire l'ensemble des points $M(x;y)$ tels que $\begin{cases} a \leq x \leq b \\ 0 \leq y \leq f(x) \end{cases}$

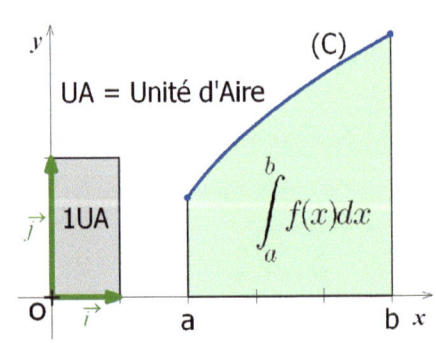

08 Calculer l'intégrale suivante, puis faire apparaître sur un dessin l'aire correspondante.

- $\int_0^\pi \sin(x)\,dx = \left[-\cos(x)\right]_0^\pi \qquad$ (1 UA ≙ 28 carreaux)

  $= \left[-\cos(\pi)\right] - \left[-\cos(0)\right] = -\cos(\pi) + \cos(0)$

  $= -(-1) + 1 = 2$ UA ≙ 56 carreaux

- Cette intégrale correspond à l'aire représentée ci-contre ;
- L'unité d'aire est (4 carreaux en abscisse) multiplié par (7 carreaux en ordonnée) égal à (28 carreaux).

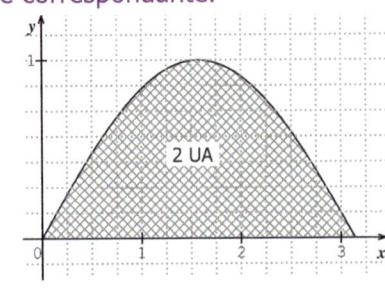

09 Calculer l'intégrale suivante, puis faire apparaître sur un dessin l'aire correspondante.

- $\int_0^3 (x+4)\,dx = \left[\dfrac{x^2}{2} + 4x\right]_0^3$ (1 UA $\triangleq$ 3 carreaux)

$= \left(\dfrac{3^2}{2} + 4\times 3\right) - \left(\dfrac{0^2}{2} + 4\times 0\right)$

$= \left(\dfrac{9}{2} + 12\right) - (0) = \dfrac{9+24}{2} = \dfrac{33}{2} = 16,5\ \text{UA}$

- Ceci correspond à l'aire du trapèze rectangle ci-contre:

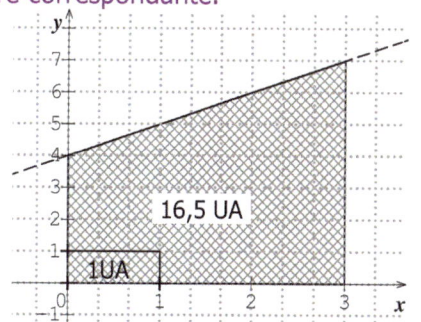

10 Calculer l'intégrale suivante, puis faire apparaître sur un dessin l'aire correspondante.

- $\int_{-1}^{+1}(2x^2-1)\,dx = \left[2\dfrac{x^3}{3} - x\right]_{-1}^{+1}$ (1 UA $\triangleq$ 30 carreaux)

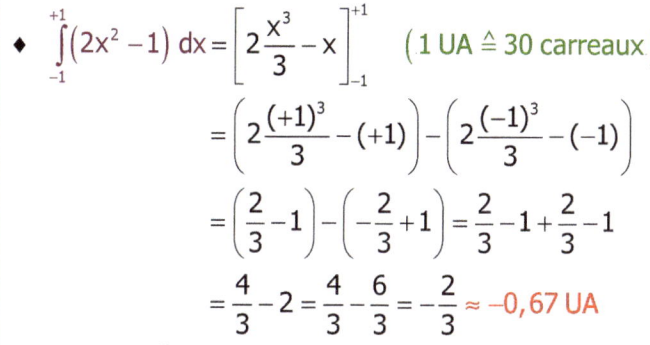

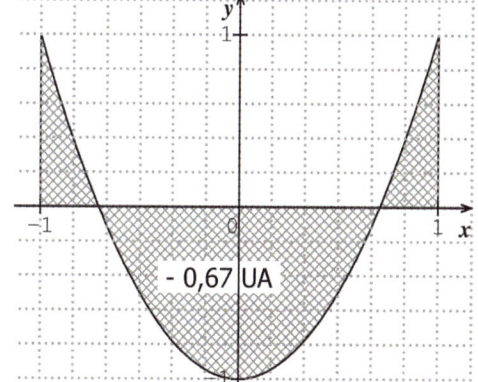

- Cette intégrale correspond à la somme des aires représentées ci-contre et affectées d'un signe + ou −.

11 Calculer l'intégrale suivante, puis faire apparaître sur un dessin l'aire correspondante.

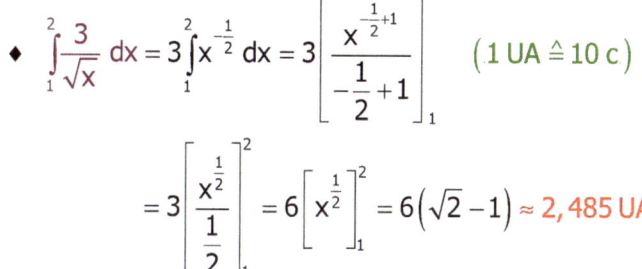

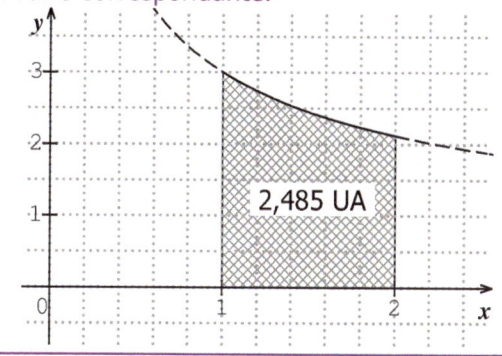

- Cette intégrale correspond à l'aire représentée ci-contre:

12 La voiture TAMIYA est un modèle réduit radio commandé. Une mesure de vitesse de la voiture a été effectuée départ arrêté et est donné ci-contre. Le comportement du véhicule a été modélisé par trois segments de droite: (OD), (DC) et (CF). L'axe des abscisses est pour la durée et l'axe des ordonnées pour la vitesse v(t).

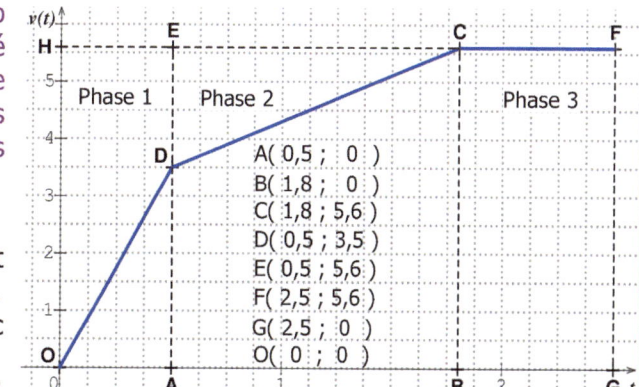

1/ <u>Déterminer l'équation de chacune des trois droites:</u>
- L'équation de chacune des droites (OD), (DC) et (CF) est de la forme v(t)=mt+p avec m,p des réels à déterminer.
- Pour (DC) nous avons $v(t_D)=mt_D+p$ et $v(t_C)=mt_C+p$ donc $p=v(t_D)-mt_D=v(t_C)-mt_C$ d'où $v(t_D)-v(t_C)=m[t_D-t_C]$ qui donne $m=[v(t_D)-v(t_C)]/[t_D-t_C]\approx 1,62$ [approximation 10^{-2}]
- Ensuite, $p=v(t_D)-mt_D$ devient p=2,69 soit (DC): v(t)=1,62t+2,69. De même, (OD): v(t)=7t et (CF): v(t)=5,6

2/ <u>Pour chaque phase modélisée, déterminer l'accélération a(t).</u>
- Du cours, nous savons que a(t)=dv(t)/dt. Ainsi, sur le segment [OD] l'accélération est 7 m.s^{-2}, sur le segment [DC] nous obtenons une accélération de 1,62 m.s^{-2} et sur le segment [CF] une accélération nulle de 0 m.s^{-2}.

Fiche 07 FC1 – Primitives - Intégrales définies (plutôt niveau lycée).

3/ Pour chaque phase modélisée, déterminer la distance parcourue x(t).

- Du cours, nous savons que $v(t)=dx(t)/dt$ donc $v(t)dt = dx(t)$ puis $\int v(t)dt = \int dx(t)$ donne $\int v(t)dt = x(t)$

- Sur [OD] la distance parcourue est: $x(t) = \int_{t=0}^{t=0,5} v(t)dt = \int_{t=0}^{t=0,5} 7t\, dt = \left[\frac{7t^2}{2}\right]_{t=0}^{t=0,5} = \frac{7\times 0,5^2}{2} - \frac{7\times 0^2}{2} = 0,875$ mètre.

- Sur [DC]: $x(t) = \int_{t=0,5}^{t=1,8} v(t)dt = \int_{t=0,5}^{t=1,8} (1,62t+2,69).dt = \left[\frac{1,62t^2}{2}+2,69t\right]_{t=0,5}^{t=1,8} = \cdots = 7,4664 - 1,5475 = 5,9189$ m.

- Sur [CF] la distance parcourue est: $x(t) = \int_{t=1,8}^{t=2,5} v(t)dt = \int_{t=1,8}^{t=2,5} 5,6\, dt = 5,6[t]_{t=1,8}^{t=2,5} = 5,6(2,5-1,8) = 3,92$ mètres.

- **Rmq**: ceux qui ont étudié les Sciences de l'Ingénieur ont une approche différente, plus pragmatique, du calcul de la distance parcourue. Puisque faire un calcul intégral, revient à faire un calcul d'aire, nous avons aussi:
  - Sur [OD] la distance parcourue est l'aire du triangle OAD, soit $(1/2)\times OA\times AD=(1/2)\times 0,5\times 3,5$ soit 0,875 UA
  - Sur [DC] la distance parcourue est l'aire du trapèze ABCD, soit $(1/2)\times[AD+BC]\times AB$ d'où $x(t)=(1/2)\times[3,5+5,6]\times(1,8-0,5)$ qui donne numériquement $x(t)=5,915$ Unités d'Aire. Mais, il est aussi possible de calculer l'aire sous le segment [DC] par soustraction soit $x(t)=\text{Aire}_{ABCE}-\text{Aire}_{DCE}=AB\times AE-EC\times ED/2$
  Rmq: la différence entre 5,9189 m et 5,915 UA est due à l'approximation du coefficient m de la question 1/.
  - Sur [OD] la distance parcourue est l'aire du rectangle BGFC, soit $x(t)=BG\times BC=(2,5-1,8)\times 5,6=3,92$ UA
  - L'unité d'abscisse est de dimension [s] et l'ordonnée de dimension [m.s^{-1}] donc UA est en [s]×[m.s^{-1}]=[m].

Propriété: Pour un volume V de hauteur H dont la section avec un plan à la hauteur h a pour aire S(h), on a $\boxed{V = \int_0^H S(h)\, dh}$ exprimé en Unités de Volume.

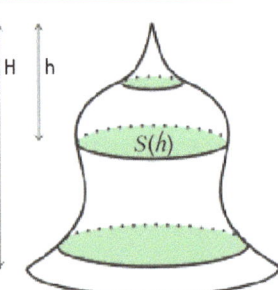

13 Calculer le volume d'un cône de hauteur H et de rayon R.

- Lorsque l'on coupe le cône à une hauteur h, on obtient un disque de rayon r(h). Le théorème de Thalès permet d'exprimer r(h) en fonction des données:

$$\frac{OA}{OB} = \frac{h}{H} = \frac{r(h)}{R} \Rightarrow r(h) = R\frac{h}{H}$$

- Le disque de rayon r(h) a donc comme surface: $S(h) = \pi\times r(h)^2$
- Le volume V du cône de hauteur H et de section S(h) avec un plan horizontal à la hauteur h est donné par:

$$V = \int_0^H S(h)\, dh = \int_0^H \pi r(h)^2\, dh = \int_0^H \pi\left(R\frac{h}{H}\right)^2 dh = \frac{\pi R^2}{H^2}\int_0^H h^2\, dh$$

$$= \frac{\pi R^2}{H^2}\left[\frac{h^3}{3}\right]_0^H = \frac{\pi R^2}{H^2}\left(\frac{H^3}{3}-\frac{0^3}{3}\right) = \frac{\pi R^2 H^3}{3H^2} = \frac{1}{3}\pi R^2 H \Rightarrow \boxed{V = \frac{1}{3}\pi R^2 H}$$

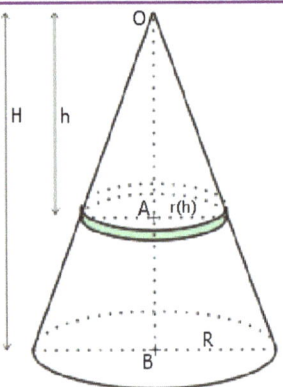

14 Calculer le volume d'une sphère de rayon R.

- Considérons tout d'abord la demi-sphère de centre O et de rayon R.
- La section de la demi-sphère par un plan horizontal à la hauteur h est un disque de rayon r(h) et d'aire S(h).
- On peut calculer le rayon r(h) de la section S(h) en utilisant le théorème de Pythagore dans le triangle OAM rectangle en A. Le point M se trouvant sur la sphère, on a OM=R d'où:

$$OM^2 = OA^2 + AM^2 \Leftrightarrow AM^2 = OM^2 - OA^2 \Rightarrow r(h)^2 = R^2 - h^2$$

- On déduit par conséquent: $S(h) = \pi\times r(h)^2 \Leftrightarrow S(h) = \pi(R^2 - h^2)$

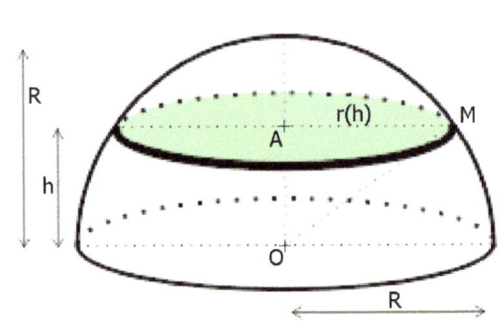

- Le volume V de la demi-sphère est alors donné par:

$$V = \int_0^R S(h)\, dh = \int_0^R \pi r(h)^2\, dh = \int_0^R \pi(R^2 - h^2)\, dh = \pi\left[R^2 h - \frac{h^3}{3}\right]_0^R = \pi\left(R^2\times R - \frac{R^3}{3}\right) = \pi\frac{2R^3}{3}$$

- Le volume d'une sphère entière est donc le double, soit: $\boxed{V = 4\pi R^3/3}$

15 Dans le plan rapporté à un repère orthonormal, on considère la courbe de la fonction sinus sur $[0;\pi]$. Calculer le volume que l'on obtiendrait par rotation de cette courbe autour de l'axe Ox des abscisses.

On trace la courbe de la fct sinus sur l'intervalle $[0;\pi]$

puis, on fait tourner cette courbe autour de l'axe Ox des abscisses

on obtient alors un volume V

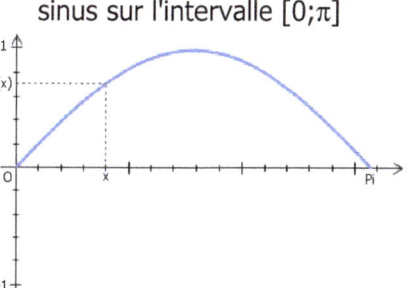
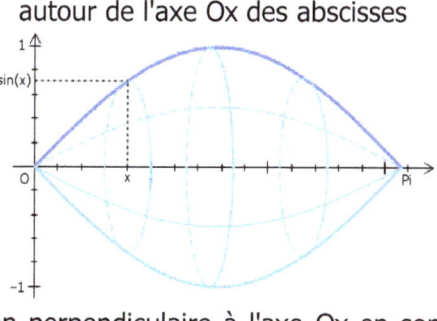
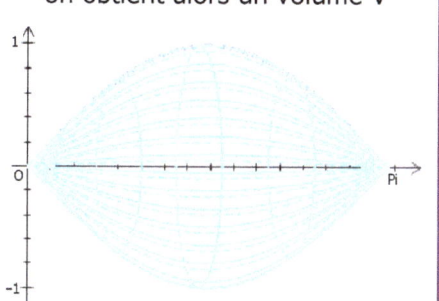

- La section de ce volume par un plan perpendiculaire à l'axe Ox en son point d'abscisse x est un disque de rayon $r(x) = \sin(x)$. L'aire de cette section est par conséquent: $S(x) = \pi \times r(x)^2$ c'est-à-dire $S(x) = \pi \times \sin^2(x)$
- On sait de plus que le volume, exprimé en unités de volume, est donné par:

$$V = \int_0^\pi S(x)\,dx = \int_0^\pi \pi r(x)^2\,dx = \int_0^\pi \pi \sin^2(x)\,dx = \int_0^\pi \pi \frac{1-\cos(2x)}{2}\,dx = \frac{\pi}{2}\left[x - \frac{1}{2}\sin(2x)\right]_0^\pi = \frac{\pi}{2}\left(\pi - \frac{1}{2}\sin(2\pi)\right) = \frac{\pi^2}{2}$$

- Le volume considéré est donc: $\boxed{V = \pi^2/2 \approx 4{,}93\text{ UV}}$ (résultat exprimé en Unités de Volume)

Méthode: Lorsque les méthodes vues précédemment ne permettent pas de calculer l'intégrale d'une fonction, on pourra chercher à effectuer un changement de variable.

16 Calculer: $A = \int_0^1 \sqrt{1-x^2}\,dx$. On pourra faire le changement de variable défini par: $x = \sin(u)$

- Les méthodes classiques d'intégration ne conviennent pas ici, on va effectuer un changement de variable.
- Posons: $x = \sin(u)$ alors $\dfrac{dx}{du} = \cos(u)$ donc $dx = \cos(u)\,du$
- Bornes: si $x \in [0,1]$ alors $x = \sin(u)$ donne $u \in [0, \pi/2]$ <u>Ti92</u>: solve(x=sin(u),u)|x=...
- Ainsi, il vient successivement:

$$A = \int_0^1 \sqrt{1-x^2}\,dx = \int_0^{\frac{\pi}{2}} \sqrt{1-\sin^2(u)}\,\cos(u)\,du = \int_0^{\frac{\pi}{2}} \sqrt{\cos^2(u)}\,\cos(u)\,du = \int_0^{\frac{\pi}{2}} |\cos(u)|\,\cos(u)\,du$$

$$= \int_0^{\frac{\pi}{2}} \cos^2(u)\,du = \int_0^{\frac{\pi}{2}} \left(\frac{1+\cos(2u)}{2}\right)du = \left[\frac{u + \frac{1}{2}\sin(2u)}{2}\right]_0^{\frac{\pi}{2}} = \frac{\frac{\pi}{2} + \frac{1}{2}\overbrace{\sin\left(\frac{2\pi}{2}\right)}^{=0}}{2} - 0 \Rightarrow \boxed{A = \frac{\pi}{4}}$$

17 Calculer: $B = \int_0^1 \dfrac{1}{(1+x^2)^2}\,dx$. On pourra faire le changement de variable défini par: $x = \tan(u)$

- Posons: $x = \tan(u)$ alors $\dfrac{dx}{du} = \dfrac{1}{\cos^2(u)}$ donc $dx = \dfrac{1}{\cos^2(u)}\,du$ <u>Rmq</u>: tan'=(sin/cos)'=...
- Bornes: si $x \in [0,1]$ alors $x = \tan(u)$ donne $u \in [0, \pi/4]$ <u>Ti92</u>: solve(x=tan(u),u)|x=...
- Il vient:

$$B = \int_0^1 \frac{1}{(1+x^2)^2}\,dx = \int_0^{\frac{\pi}{4}} \frac{1}{(1+\tan^2(x))^2} \times \frac{1}{\cos^2(u)}\,du = \int_0^{\frac{\pi}{4}} \frac{1}{\left(1 + \frac{\sin^2(x)}{\cos^2(x)}\right)^2} \times \frac{1}{\cos^2(u)}\,du$$

$$= \int_0^{\frac{\pi}{4}} \frac{1}{\left(\frac{\cos^2(x)+\sin^2(x)}{\cos^2(x)}\right)^2} \times \frac{1}{\cos^2(u)}\,du = \int_0^{\frac{\pi}{4}} \frac{1}{\frac{1}{\cos^4(x)}} \times \frac{1}{\cos^2(u)}\,du = \int_0^{\frac{\pi}{4}} \cos^2(u)\,du$$

$$= \int_0^{\frac{\pi}{4}} \left(\frac{1+\cos(2u)}{2}\right)du = \left[\frac{u + \frac{1}{2}\sin(2u)}{2}\right]_0^{\frac{\pi}{4}} = \left[\frac{\pi}{4} + \frac{1}{2}\overbrace{\sin\left(\frac{\pi}{2}\right)}^{=1}\right]/2 - 0 \Rightarrow \boxed{B = \frac{\pi}{8} + \frac{1}{4}}$$

18 Calculer: $C = \int_3^8 \dfrac{x^2}{\sqrt{1+x}}\,dx$. On pourra faire le changement de variable défini par: $\sqrt{1+x} = u$

- Posons: $\sqrt{1+x} = u$ alors $x = u^2 - 1$ donc $\dfrac{dx}{du} = 2u$ ainsi $dx = 2u\,du$
- Bornes: si $x \in [3, 8]$ alors $u = \sqrt{1+x}$ donne $u \in \left[\sqrt{4}, \sqrt{9}\right]$ soit $u \in [2, 3]$
- Ainsi, il vient successivement:

$$C = \int_3^8 \dfrac{x^2}{\sqrt{1+x}}\,dx = \int_2^3 \dfrac{(u^2-1)^2}{u} \times 2u\,du = 2 \times \int_2^3 (u^2-1)^2\,du = 2 \times \int_2^3 (u^4 + 1 - 2u^2)\,du$$

$$= 2 \times \left[\dfrac{u^5}{5} + u - 2\dfrac{u^3}{3}\right]_2^3 = 2 \times \left[\underbrace{\left(\dfrac{3^5}{5} + 3 - 2\dfrac{3^3}{3}\right)}_{=\frac{168}{5}} - \underbrace{\left(\dfrac{2^5}{5} + 2 - 2\dfrac{2^3}{3}\right)}_{=\frac{46}{15}}\right] \quad \Rightarrow \quad \boxed{C = \dfrac{916}{15}}$$

$$\underbrace{}_{=\frac{458}{15}}$$

---

19 Calculer: $D = \int_0^1 \dfrac{1}{3+x^2}\,dx$. On pourra poser: $x = u\sqrt{3}$. On précise de plus que: $\int \dfrac{1}{1+x^2}\,dx = \arctan(x)$

- Posons: $x = u\sqrt{3}$ alors $\dfrac{dx}{du} = \sqrt{3}$ donc $dx = \sqrt{3}\,du$
- Bornes: si $x \in [0, 1]$ alors $x = u\sqrt{3}$ donne $u \in \left[0, \sqrt{3}/3\right]$ **Ti92**: solve(x=u√3,u)|x=···
- Ainsi, il vient successivement:

$$D = \int_0^1 \dfrac{1}{3+x^2}\,dx = \int_0^{\frac{\sqrt{3}}{3}} \dfrac{1}{3+(u\sqrt{3})^2} \times \sqrt{3}\,du = \int_0^{\frac{\sqrt{3}}{3}} \dfrac{1}{3+3u^2} \times \sqrt{3}\,du = \dfrac{1}{3} \times \sqrt{3} \times \int_0^{\frac{\sqrt{3}}{3}} \dfrac{1}{1+u^2}\,du$$

$$= \dfrac{\sqrt{3}}{3} \times \left[\arctan(u)\right]_0^{\frac{\sqrt{3}}{3}} = \dfrac{\sqrt{3}}{3} \times \left[\arctan\left(\dfrac{\sqrt{3}}{3}\right) - \arctan(0)\right] = \dfrac{\sqrt{3}}{3} \times \left[\dfrac{\pi}{6} - 0\right] \quad \Rightarrow \quad \boxed{D = \dfrac{\pi\sqrt{3}}{18}}$$

---

20 Calculer: $E = \int_0^{\frac{\pi}{2}} \sin^2(x)\cos(x)\,dx$. On pourra faire le changement de variable défini par: $u = \sin(x)$

- Posons: $u = \sin(x)$ alors $\dfrac{du}{dx} = \cos(x)$ donc $dx = \dfrac{1}{\cos(x)}\,du$
- Bornes: si $x \in \left[0, \dfrac{\pi}{2}\right]$ alors $u = \sin(x)$ donne $u \in [0, 1]$
- Puis successivement: $E = \int_0^{\frac{\pi}{2}} \sin^2(x)\cos(x)\,dx = \int_0^1 u^2\,\cancel{\cos(x)}\,\dfrac{1}{\cancel{\cos(x)}}\,du = \int_0^1 u^2\,du = \left[\dfrac{u^3}{3}\right]_0^1 \quad \Rightarrow \quad \boxed{E = \dfrac{1}{3}}$

---

21 Calculer: $F = \int \dfrac{1}{x^2+4x+5}\,dx$. On pourra déterminer la forme canonique du trinôme, puis effectuer un changement de variable. On rappel de plus que: $\int \dfrac{1}{1+x^2}\,dx = \arctan(x)$

- La forme canonique du trinôme est $x^2 + 4x + 5 = (x+2)^2 + 1$ qui donne $F = \int \dfrac{1}{1+(x+2)^2}\,dx$
- Posons: $u = x + 2$ alors $du/dx = 1$ donc $dx = du$
- Alors on obtient: $F = \int \dfrac{1}{x^2+4x+5}\,dx = \int \dfrac{1}{1+u^2}\,du = \arctan(u) \quad \Rightarrow \quad \boxed{F = \arctan(x+2) + k,\ k \in \mathbb{R}}$

22 Calculer: $G = \int_0^1 \dfrac{1}{4x^2+4x+3}dx$. On pourra remarquer que: $4x^2+4x+3 = 2+(2x+1)^2$ puis à effectuer deux changements de variables, d'abord $u = 2x+1$ puis $v = \dfrac{u}{\sqrt{2}}$ afin d'utiliser: $\int \dfrac{1}{1+x^2}dx = \arctan(x)$

- En remarquant que $4x^2+4x+3 = 2+(2x+1)^2$, l'expression à calculer devient $G = \int_0^1 1/\left[2+(2x+1)^2\right]dx$
- Posons: $u = 2x+1$ alors $\dfrac{du}{dx} = 2$ donc $dx = \dfrac{1}{2}du$
- Bornes: si $x \in [0,1]$ alors $u = 2x+1$ donne $u \in [1,3]$
- Ainsi: $G = \int_0^1 \dfrac{1}{4x^2+4x+3}dx = \int_1^3 \dfrac{1}{2+u^2} \times \dfrac{1}{2}du = \dfrac{1}{2} \times \int_1^3 \dfrac{1}{2\left(1+\frac{u^2}{2}\right)}du = \dfrac{1}{4}\int_1^3 \dfrac{1}{1+\frac{u^2}{2}}du = \dfrac{1}{4}\int_1^3 \dfrac{1}{1+\left(\frac{u}{\sqrt{2}}\right)^2}du$

- Posons: $v = \dfrac{u}{\sqrt{2}}$ alors $\dfrac{dv}{du} = \dfrac{1}{\sqrt{2}}$ donc $du = \sqrt{2}\,dv$
- Bornes: si $u \in [1,3]$ alors $v = u/\sqrt{2}$ donne $v \in \left[1/\sqrt{2}, 3/\sqrt{2}\right]$
- $G = \dfrac{1}{4}\int_1^3 \dfrac{1}{1+(u/\sqrt{2})^2}du = \dfrac{1}{4}\int_{\frac{1}{\sqrt{2}}}^{\frac{3}{\sqrt{2}}} \dfrac{1}{1+v^2} \times \sqrt{2}\,dv = \dfrac{\sqrt{2}}{4}\int_{\frac{1}{\sqrt{2}}}^{\frac{3}{\sqrt{2}}} \dfrac{1}{1+v^2}dv \Rightarrow \boxed{G = \dfrac{\sqrt{2}}{4} \times \left[\arctan\left(\dfrac{3}{\sqrt{2}}\right) - \arctan\left(\dfrac{1}{\sqrt{2}}\right)\right]}$

---

23 Calculer: $H = \int_{-1}^2 x\sqrt{4-x^2}\,dx$. On pourra faire le changement de variable défini par: $u = x^2$

- Posons: $u = x^2$ alors $\dfrac{du}{dx} = 2x$ donc $dx = \dfrac{1}{2x}du$
- Bornes: si $x \in [-1, 2]$ alors $u = x^2$ donne $u \in [1, 4]$
- Ainsi, il vient: $H = \int_{-1}^2 x\sqrt{4-x^2}\,dx = \int_1^4 x\sqrt{4-u}\,\dfrac{1}{2x}du = \dfrac{1}{2}\int_1^4 \sqrt{4-u}\,du$
- Posons $v(u) = 4-u$ alors $v'(u) = -1$ par suite le calcul de H devient:

$H = \dfrac{1}{2}\int_1^4 \sqrt{4-u}\,du = \dfrac{1}{2}\int_1^4 \left(-v'(u)[v(u)]^{1/2}\right)du = -\dfrac{1}{2}\left[\dfrac{[v(u)]^{\frac{1}{2}+1}}{1/2+1}\right]_1^4 = -\dfrac{1}{2}\left[\dfrac{(4-u)^{3/2}}{3/2}\right]_1^4 = -\dfrac{1}{2}\left[0 - \dfrac{3^{3/2}}{3/2}\right] \Rightarrow \boxed{H = \sqrt{3}}$

---

24 Calculer une primitive de $f(x) = \dfrac{1}{\sqrt{2x-x^2}}$ pour x pouvant varier dans un intervalle quelconque de $]0, 2[$

On pourra poser $x = 2\sin^2(u)$ et considérer u dans $]0, \pi/2[$

- La fonction f est définie et continue pour tout x de $]0, 2[$, on peut donc en calculer une primitive.
- On rappelle que $\cos(2u) = \cos^2(u) - \sin^2(u) = 2\cos^2(u) - 1 = 1 - 2\sin^2(u)$ donc $2\sin^2(u) = 1 - \cos(2u)$
- Posons $x = 2\sin^2(u)$ alors $\dfrac{dx}{du} = \dfrac{d(1-\cos(2u))}{du}$ soit $\dfrac{dx}{du} = 0 - 2(-\sin(2u))$ c'est-à-dire $dx = 2\sin(2u)\,du$

De plus, $x = 2\sin^2(u)$ donne $\sin(u) = \pm\sqrt{\dfrac{x}{2}}$; or $u \in]0, \pi/2[$ donc $\sin(u) = +\sqrt{\dfrac{x}{2}}$ ainsi $u = \arcsin\left(\sqrt{\dfrac{x}{2}}\right)$

- $F(x) = \int \dfrac{1}{\sqrt{2x-x^2}}dx = \int \dfrac{1}{\sqrt{2 \times 2\sin^2(u) - (2\sin^2(u))^2}} \times 2\sin(2u)\,du = \int \dfrac{1}{\sqrt{4\sin^2(u) - 4\sin^4(u)}} \times 2\sin(2u)\,du$

$= \int \dfrac{1}{2\sin(u)\sqrt{1-\sin^2(u)}} \times 2\sin(2u)\,du = \int \dfrac{1}{\sin(u)\sqrt{\cos^2(u)}}\sin(2u)\,du = \int \dfrac{1}{\sin(u)|\cos(u)|}\sin(2u)\,du$

$= \int \dfrac{1}{\sin(u)\cos(u)} \times 2\sin(u)\cos(u)\,du$ car $\sin(2u) = 2\sin(u)\cos(u)$ et $|\cos(u)| = +\cos(u)$ sur $]0, \pi/2[$

$\Rightarrow F(x) = 2\int du = 2[u] = 2\arcsin\left(\sqrt{\dfrac{x}{2}}\right) + \text{cte} \Rightarrow \boxed{F(x) = 2\arcsin\left(\dfrac{\sqrt{2x}}{2}\right) + k,\ k \in \mathbb{R}}$

Primitives usuelles

k et α sont des constantes quelconques ; α doit être différente de 0 ou –1 pour ne pas annuler le dénominateur.

$$\int e^{\alpha t}\, dt = \frac{e^{\alpha t}}{\alpha} + k$$

$$\int t^{\alpha}\, dt = \frac{t^{\alpha+1}}{\alpha+1} + k \qquad \int \frac{1}{t}\, dt = \ln|t| + k$$

$$\int \frac{1}{1+t^2}\, dt = \arctan(t) + k \qquad \int \frac{1}{1-t^2}\, dt = \frac{1}{2}\ln\left|\frac{1+t}{1-t}\right| + k$$

$$\int \frac{1}{\sqrt{1-t^2}}\, dt = \arcsin(t) + k \qquad \int \frac{1}{\sqrt{\alpha+t^2}}\, dt = \ln\left|t + \sqrt{\alpha+t^2}\right| + k$$

$$\int \cos(t)\, dt = \sin(t) + k \qquad \int \operatorname{ch}(t)\, dt = \operatorname{sh}(t) + k$$

$$\int \sin(t)\, dt = -\cos(t) + k \qquad \int \operatorname{sh}(t)\, dt = \operatorname{ch}(t) + k$$

$$\int \frac{1}{\cos^2(t)}\, dt = \tan(t) + k \qquad \int \frac{1}{\operatorname{ch}^2(t)}\, dt = \operatorname{th}(t) + k$$

$$\int \frac{1}{\sin^2(t)}\, dt = -\cotan(t) + k \qquad \int \frac{1}{\operatorname{sh}^2(t)}\, dt = -\coth(t) + k$$

$$\int \frac{1}{\cos(t)}\, dt = \ln\left|\tan\left(\frac{t}{2} + \frac{\pi}{4}\right)\right| + k \qquad \int \frac{1}{\operatorname{ch}(t)}\, dt = 2\arctan(e^t) + k$$

$$\int \frac{1}{\sin(t)}\, dt = \ln\left|\tan\left(\frac{t}{2}\right)\right| + k \qquad \int \frac{1}{\operatorname{sh}(t)}\, dt = \ln\left|\operatorname{th}\left(\frac{t}{2}\right)\right| + k$$

$$\int \tan(t)\, dt = -\ln|\cos(t)| + k \qquad \int \operatorname{th}(t)\, dt = \ln|\operatorname{ch}(t)| + k$$

$$\int \cotan(t)\, dt = \ln|\sin(t)| + k \qquad \int \coth(t)\, dt = \ln|\operatorname{sh}(t)| + k$$

Développements limités au voisinage de 0

La photocopie tue le livre

$$e^x = 1 + \frac{x}{1!} + \frac{x^2}{2!} + \cdots + \frac{x^n}{n!} + o(x^n) = \sum_{k=0}^{k=n} \frac{x^k}{k!} + o(x^n)$$

$$\cos(x) = 1 - \frac{x^2}{2!} + \frac{x^4}{4!} - \cdots + (-1)^n \frac{x^{2n}}{(2n)!} + o(x^{2n+1}) = \sum_{k=0}^{k=n} (-1)^k \frac{x^{2k}}{(2k)!} + o(x^{2n+1})$$

$$\sin(x) = x - \frac{x^3}{3!} + \frac{x^5}{5!} - \cdots + (-1)^n \frac{x^{2n+1}}{(2n+1)!} + o(x^{2n+2}) = \sum_{k=0}^{k=n} (-1)^k \frac{x^{2k+1}}{(2k+1)!} + o(x^{2n+2})$$

$$\tan(x) = x + \frac{x^3}{3} + \frac{2}{15}x^5 + \frac{17}{315}x^7 + o(x^8)$$

$$\operatorname{ch}(x) = 1 + \frac{x^2}{2!} + \frac{x^4}{4!} + \cdots + \frac{x^{2n}}{(2n)!} + o(x^{2n+1}) = \sum_{k=0}^{k=n} \frac{x^{2k}}{(2k)!} + o(x^{2n+1})$$

$$\operatorname{sh}(x) = x + \frac{x^3}{3!} + \frac{x^5}{5!} + \cdots + \frac{x^{2n+1}}{(2n+1)!} + o(x^{2n+2}) = \sum_{k=0}^{k=n} \frac{x^{2k+1}}{(2k+1)!} + o(x^{2n+2})$$

$$\operatorname{th}(x) = x - \frac{x^3}{3} + \frac{2}{15}x^5 - \frac{17}{315}x^7 + o(x^8)$$

$$\ln(1+x) = x - \frac{x^2}{2} + \frac{x^3}{3} - \cdots + (-1)^{n-1} \frac{x^n}{n} + o(x^n) = \sum_{k=1}^{k=n} (-1)^{k+1} \frac{x^k}{k} + o(x^n)$$

$$(1+x)^\alpha = 1 + \alpha x + \frac{\alpha(\alpha-1)}{2!}x^2 + \cdots + \frac{\alpha(\alpha-1)\cdots(\alpha-n+1)}{n!}x^n + o(x^n) = \sum_{k=0}^{k=n} \binom{\alpha}{k} x^k + o(x^n)$$

$$\frac{1}{1+x} = 1 - x + x^2 - \cdots + (-1)^n x^n + o(x^n) = \sum_{k=0}^{k=n} (-1)^k x^k + o(x^n)$$

$$\frac{1}{1-x} = 1 + x + x^2 + \cdots + x^n + o(x^n) = \sum_{k=0}^{k=n} x^k + o(x^n)$$

$$\sqrt{1+x} = 1 + \frac{x}{2} - \frac{1}{8}x^2 + \cdots + (-1)^{n-1} \frac{1 \times 3 \times 5 \times \cdots \times (2n-3)}{2^n n!} x^n + o(x^n)$$

$$\frac{1}{\sqrt{1+x}} = 1 - \frac{x}{2} + \frac{3}{8}x^2 - \cdots + (-1)^n \frac{1 \times 3 \times 5 \times \cdots \times (2n-1)}{2^n n!} x^n + o(x^n)$$

$$\arccos(x) = \frac{\pi}{2} - x - \frac{1}{2} \times \frac{x^3}{3} - \frac{1 \times 3}{2 \times 4} \times \frac{x^5}{5} - \cdots - \frac{1 \times 3 \times 5 \times \cdots \times (2n-1)}{2 \times 4 \times 6 \times \cdots \times (2n)} \times \frac{x^{2n+1}}{2n+1} + o(x^{2n+2})$$

$$\arcsin(x) = x + \frac{1}{2} \times \frac{x^3}{3} + \frac{1 \times 3}{2 \times 4} \times \frac{x^5}{5} + \cdots + \frac{1 \times 3 \times 5 \times \cdots \times (2n-1)}{2 \times 4 \times 6 \times \cdots \times (2n)} \times \frac{x^{2n+1}}{2n+1} + o(x^{2n+2})$$

$$\arctan(x) = x - \frac{x^3}{3} + \frac{x^5}{5} - \cdots + (-1)^n \times \frac{x^{2n+1}}{2n+1} + o(x^{2n+2})$$

Fiche 09 FA – Développements limités au voisinage de 0.

Équations différentielles

La photocopie tue le livre

Noter $(E) : a(x)\,y'(x) + b(x)\,y(x) = c(x)$ l'équation complète,

et $(E_0) : a(x)\,y'(x) + b(x)\,y(x) = 0$ l'équation homogène (c'est-à-dire sans second membre).

Étape 1: Ensemble des solutions de l'équation homogène (E_0) : $\boxed{f_0(x) = k\,e^{-\int \frac{b(x)}{a(x)}dx}}$ avec $k \in \mathbb{R}$

Étape 2: Solution particulière de l'équation complète (E) : $\boxed{g(x) = \left[f_0(x)\right]_{k=1} \int \frac{c(x)}{a(x)\left[f_0(x)\right]_{k=1}} dx}$

Étape 3: Solution générale de l'équation complète (E) : $\boxed{y(x) = f_0(x) + g(x)}$

Rmq: A l'étape 2, on peut prendre $k=1$ ou autre chose, puisque on recherche une solution particulière. L'inconnue k est déterminée par les conditions initiales. Ne pas rajouter d'autre constante en intégrant.

Soit $(E_0) : a\,y''(x) + b\,y'(x) + c\,y(x) = 0$ avec $(a,b,c) \in \mathbb{C}^3$. On note $a\,r^2 + b\,r + c = 0$ <u>l'équation caractéristique</u>.

- Si $a\,r^2 + b\,r + c = 0$ admet deux racines distincts r_1 et r_2, alors les solutions de (E_0) sont les fonctions de la forme: $\boxed{f_0(x) = k_1\,e^{r_1 x} + k_2\,e^{r_2 x}}$ si $\Delta > 0$

- Si $a\,r^2 + b\,r + c = 0$ admet une racine double r_0, alors les solutions de (E_0) sont les fonctions de la forme: $\boxed{f_0(x) = (k_1\,x + k_2)\,e^{r_0 x}}$ si $\Delta = 0$

- Si $a\,r^2 + b\,r + c = 0$ admet deux racines conjuguées $\alpha \pm i\beta$ alors les solutions de (E_0) sont les fonctions de la forme: $\boxed{f_0(x) = \left[k_1\cos(\beta x) + k_2\sin(\beta x)\right]e^{\alpha x}}$ si $\Delta < 0$

Rmq:
- Ci-dessus, à chaque fois on doit noter $(k_1,k_2) \in \mathbb{R}^2$ si $(a,b,c) \in \mathbb{R}^3$ et $(k_1,k_2) \in \mathbb{C}^2$ si $(a,b,c) \in \mathbb{C}^3$
- Ce sont les conditions initiales (s'il y en a) qui permettront de déterminer les constantes k_1 et k_2.
- L'ensemble des solutions de l'équation (E_0) est un $\mathbb{R}$-espace vectoriel de dimension 2 puisque ses éléments sont, dans chacun des cas, combinaisons linéaires de deux solutions non proportionnelles.

Soit $(E) : a\,y''(x) + b\,y'(x) + c\,y(x) = P(x)\,e^{\lambda x}$ avec $(a,b,c,\lambda) \in \mathbb{C}^3 \times \mathbb{R}$ et $P(x)$ un polynôme de degré $n \in \mathbb{N}$

- La solution générale de l'équation complète (E) est la somme de l'ensemble des solutions de l'équation homogène (E_0) et d'une solution particulière de l'équation complète (E), on a donc: $\boxed{y(x) = f_0(x) + g(x)}$

- Trois cas de figure se présentent alors suivant que l'exposant λ est ou non racine de l'équation caractéristique:
  - → si λ est racine double du trinôme $a\,r^2 + b\,r + c = 0$, alors $\boxed{g(x) = x^2\,Q(x)\,e^{\lambda x}}$ avec $Q(x) = \alpha x + \beta$
  - → si λ est racine simple du trinôme $a\,r^2 + b\,r + c = 0$, alors $\boxed{g(x) = x\,Q(x)\,e^{\lambda x}}$ avec $Q(x) = \alpha x + \beta$
  - → si λ n'est pas racine du trinôme $a\,r^2 + b\,r + c = 0$, alors $\boxed{g(x) = Q(x)\,e^{\lambda x}}$ avec $Q(x) = \alpha x + \beta$

Méthode: Dans le cas de la résolution d'une équation différentielle du type $(E) : a\,y''(x) + b\,y'(x) + c\,y(x) = d(x)$ il faut déterminer une solution particulière $g(x)$ de (E) [donc de l'équation complète] qui soit évidente.

Propriété: *Principe de superposition*
- Le principe de superposition est fondé sur le fait que:
  si f_1 est solution de $a\,y''(x) + b\,y'(x) + c\,y(x) = d_1(x)$
  et si f_2 est solution de $a\,y''(x) + b\,y'(x) + c\,y(x) = d_2(x)$
  alors $\lambda_1 f_1 + \lambda_2 f_2$ est solution de $a\,y''(x) + b\,y'(x) + c\,y(x) = \lambda_1 d_1(x) + \lambda_2 d_2(x)$
- Le principe de superposition s'applique aussi bien pour déterminer une solution particulière que générale.

Méthode: Si on doit résoudre une éq. du type $a\,y''(x) + b\,y'(x) + c\,y(x) = e^{ux}\left[\cos(vx)\,P(x) + \sin(vx)\,Q(x)\right]$ avec a, b et c réels, alors puisque $\cos(vx)$ et $\sin(vx)$ sont des combinaisons linéaires de e^{ivx} et e^{-ivx} [d'après les formules d'Euler $\cos\theta = (e^{i\theta} + e^{-i\theta})/2$ et $\sin\theta = (e^{i\theta} - e^{-i\theta})/2i$], en utilisant le principe de superposition on se ramène à la résolution d'une équation différentielle avec un second membre de la forme $e^{(u+iv)x}\,P(x)$ où P est un polynôme, il suffit ensuite d'utiliser les techniques précédemment décrites ; on passe ainsi provisoirement au domaine complexe avant de revenir au cas réel par des combinaisons linéaires, en prenant selon les cas la partie réelle ou la partie imaginaire du résultat.

Équations différentielles

Équation différentielle linéaire du premier ordre

Noter (E) : $a(x)\, y'(x) + b(x)\, y(x) = c(x)$ l'équation complète,

et (E_0) : $a(x)\, y'(x) + b(x)\, y(x) = 0$ l'équation homogène (c'est-à-dire sans second membre).

Étape 1: Ensemble des solutions de l'équation homogène (E_0) : $\boxed{f_0(x) = k\, e^{-\int \frac{b(x)}{a(x)} dx}}$ avec $k \in \mathbb{R}$

Étape 2: Solution particulière de l'équation complète (E) : $\boxed{g(x) = [f_0(x)]_{k=1} \int \frac{c(x)}{a(x)\,[f_0(x)]_{k=1}}\, dx}$

Étape 3: Solution générale de l'équation complète (E) : $\boxed{y(x) = f_0(x) + g(x)}$

Rmq: A l'étape 2, on peut prendre k=1 ou autre chose, puisque on recherche une solution particulière. L'inconnue k est déterminée par les conditions initiales. Ne pas rajouter d'autre constante en intégrant.

---

01 Résoudre sur $]0;+\infty[$ l'équation (E) : $x\, y'(x) - y(x) = x^2 e^x$

Étape 1: Ensemble des solutions de l'équation homogène:

Ici, nous avons $a(x) = x$ et $b(x) = -1$ donc $-\int \frac{b(x)}{a(x)} dx = +\int \frac{1}{x} dx = \ln|x| = \ln(x) + cte$ puisque x>0

ainsi on obtient: $f_0(x) = k\, e^{\ln(x)} \Rightarrow f_0(x) = k\, x$ avec $k \in \mathbb{R}$

Étape 2: On considère $k = 1$ dans l'expression de $f_0(x)$ obtenue, alors:

$g(x) = x \int \frac{x^2 e^x}{x \cdot x} dx = x \int e^x dx = x\, e^x \Rightarrow g(x) = x\, e^x$

Étape 3: La solution générale de (E) est : $\boxed{y(x) = k\, x + x\, e^x}$, $k \in \mathbb{R}$

---

02 Résoudre dans $\mathbb{R}$ l'équation (E) : $y'(x) + 2y(x) = x^2 - 2x + 3$ $\int u'v = uv - \int v'u$ Intégration par parties

Étape 1: Ensemble des solutions de l'équation homogène:

Ici, nous avons $a(x) = 1$ et $b(x) = 2$ donc $-\int \frac{b(x)}{a(x)} dx = -\int \frac{2}{1} dx = -2\int dx = -2x + cte$

ainsi on obtient donc: $f_0(x) = k\, e^{-2x}$ avec $k \in \mathbb{R}$

Étape 2: On considère $k = 1$ dans l'expression de $f_0(x)$ obtenue, alors:

$g(x) = e^{-2x} \int \frac{x^2 - 2x + 3}{1 \times e^{-2x}} dx \Rightarrow g(x) = \frac{x^2}{2} - \frac{3x}{2} + \frac{9}{4}$

Étape 3: Solution générale de (E): $\boxed{y(x) = k\, e^{-2x} + \frac{x^2}{2} - \frac{3x}{2} + \frac{9}{4}}$, $k \in \mathbb{R}$

Rmq: Il est toujours possible de vérifier la solution générale au moyen de la calculatrice.

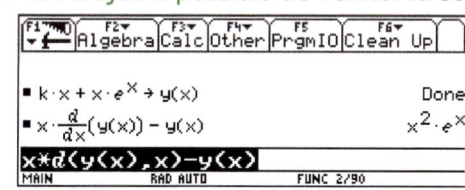

Eq ≠ linéaire homogène du 2nd ordre à coefficients cts

Soit (E_0) : $ay''(x) + by'(x) + cy(x) = 0$ avec $(a,b,c) \in \mathbb{C}^3$. On note $ar^2 + br + c = 0$ l'équation caractéristique.

- Si $ar^2 + br + c = 0$ admet deux racines distinctes r_1 et r_2, alors les solutions de (E_0) sont les fonctions de la forme:
$$f_0(x) = k_1 e^{r_1 x} + k_2 e^{r_2 x} \quad \text{si } \Delta > 0$$

- Si $ar^2 + br + c = 0$ admet une racine double r_0, alors les solutions de (E_0) sont les fonctions de la forme:
$$f_0(x) = (k_1 x + k_2) e^{r_0 x} \quad \text{si } \Delta = 0$$

- Si $ar^2 + br + c = 0$ admet deux racines conjuguées $\alpha \pm i\beta$ alors les solutions de (E_0) sont les fonctions de la forme:
$$f_0(x) = \left[k_1 \cos(\beta x) + k_2 \sin(\beta x) \right] e^{\alpha x} \quad \text{si } \Delta < 0$$

Rmq:
- Ci-dessus, à chaque fois on doit noter $(k_1, k_2) \in \mathbb{R}^2$ si $(a,b,c) \in \mathbb{R}^3$ et $(k_1, k_2) \in \mathbb{C}^2$ si $(a,b,c) \in \mathbb{C}^3$
- Ce sont les conditions initiales (s'il y en a) qui permettront de déterminer les constantes k_1 et k_2.
- L'ensemble des solutions de l'équation (E_0) est un $\mathbb{R}$–espace vectoriel de dimension 2 puisque ses éléments sont, dans chacun des cas, combinaisons linéaires de deux solutions non proportionnelles.

---

03 Résoudre l'équation homogène (E_0) : $y''(x) + 4y'(x) - 5y(x) = 0$

- L'équation caractéristique est $r^2 + 4r - 5 = 0$ de discriminant $\Delta = 36$, donc de racines réelles distinctes $(-4 \pm 6)/2$ soit $r_1 = -5$ et $r_2 = 1$.
- Les solutions de l'équation homogène (E_0) sont les fonctions de la forme:
$$f_0(x) = k_1 e^{-5x} + k_2 e^x \ , \ (k_1, k_2) \in \mathbb{R}^2$$

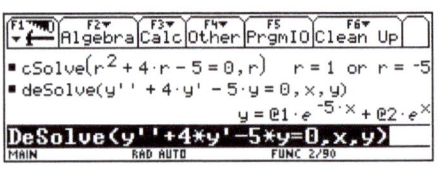

---

04 Résoudre l'équation homogène (E_0) : $y''(x) - 2y'(x) + y(x) = 0$

- L'équation caractéristique de (E_0) est $r^2 - 2r + 1 = 0$ de discriminant $\Delta = 0$, donc de racine réelle double $-(-2)/2$ soit $r_0 = 1$.
- Les solutions de l'équation homogène (E_0) sont les fonctions de la forme:
$$f_0(x) = (k_1 x + k_2) e^x \ , \ (k_1, k_2) \in \mathbb{R}^2$$

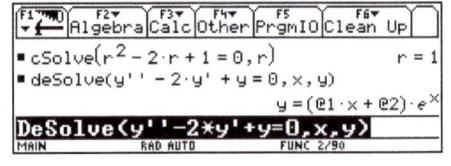

---

05 Résoudre l'équation homogène (E_0) : $y''(x) + 2y'(x) + 2y(x) = 0$

- L'équation caractéristique de (E_0) est $r^2 + 2r + 2 = 0$ de discriminant $\Delta = -4$, donc de racines complexes conjuguées $[-2 \pm 2i]/2$ soit $-1 \pm i$.
- Les solutions de l'équation homogène (E_0) sont les fonctions de la forme:
$$f_0(x) = \left[k_1 \cos(x) + k_2 \sin(x) \right] e^{-x} \ , \ (k_1, k_2) \in \mathbb{R}^2$$

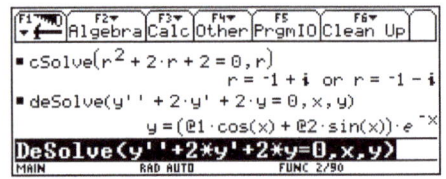

---

06 Résoudre l'équation homogène (E_0) : $y''(x) - 6y'(x) + 5y(x) = 0$
avec comme conditions initiales $y(0) = 0$ et $y'(0) = 1$

$\left[e^u \right]' = u' e^u$

- L'équation caractéristique de (E_0) est $r^2 - 6r + 5 = 0$ de discriminant $\Delta = 16$, donc de racines réelles distinctes $(6 \pm 4)/2$ soit $r_1 = 5$ et $r_2 = 1$.
- La solution générale de l'équation homogène (E_0) est par conséquent $y(x) = k_1 e^{5x} + k_2 e^x$ où les réels k_1 et k_2 restent à déterminer.
- On a de plus: $\begin{cases} y(0) = 0 \\ y'(0) = 1 \end{cases} \Leftrightarrow \begin{cases} k_1 + k_2 = 0 \\ 5k_1 + k_2 = 1 \end{cases} \Rightarrow \begin{cases} k_1 = 1/4 \\ k_2 = -1/4 \end{cases}$
- Finalement, les solutions de l'équation (E_0) sont les fonctions de la forme:
$$f_0(x) = \frac{1}{4} e^{5x} - \frac{1}{4} e^x \ , \ \forall x \in \mathbb{R}$$

Équation ≠ linéaire du 2nd ordre à coefficients cts

Soit (E): $a y''(x) + b y'(x) + c y(x) = P(x) e^{\lambda x}$ avec $(a,b,c,\lambda) \in \mathbb{C}^3 \times \mathbb{R}$ et $P(x)$ un polynôme de degré $n \in \mathbb{N}$

♦ La solution générale de l'équation complète (E) est la somme de l'ensemble des solutions de l'équation homogène (E_0) et d'une solution particulière de l'équation complète (E), on a donc: $\boxed{y(x) = f_0(x) + g(x)}$

♦ Trois cas de figure se présentent alors suivant que l'exposant λ est ou non racine de l'équation caractéristique:

→ si λ est racine double du trinôme $a r^2 + b r + c = 0$, alors $\boxed{g(x) = x^2 Q(x) e^{\lambda x}}$ avec $Q(x) = \alpha x + \beta$

→ si λ est racine simple du trinôme $a r^2 + b r + c = 0$, alors $\boxed{g(x) = x \, Q(x) e^{\lambda x}}$ avec $Q(x) = \alpha x + \beta$

→ si λ n'est pas racine du trinôme $a r^2 + b r + c = 0$, alors $\boxed{g(x) = \quad Q(x) e^{\lambda x}}$ avec $Q(x) = \alpha x + \beta$

---

07 Résoudre l'équation (E): $y''(x) - y'(x) - 2y(x) = x e^{-x}$

♦ L'équation caractéristique est $r^2 - r - 2 = 0$ de discriminant $\Delta = 9$, il y a donc deux racines réelles distinctes $(1 \pm 3)/2$ soit $r_1 = 2$ et $r_2 = -1$.

♦ Les solutions de l'équation homogène sont les fonctions de la forme:
$$f_0(x) = k_1 e^{2x} + k_2 e^{-x}, \quad (k_1, k_2) \in \mathbb{R}^2$$

♦ Maintenant, si on considère l'équation avec second membre, alors -1 est racine simple de l'équation caractéristique, on recherche donc la solution particulière sous la forme $g(x) = x Q(x) e^{-x}$ avec $d°(Q) = 1$.

♦ Si $Q(x) = \alpha x + \beta$ alors $g(x) = x e^{-x} Q(x)$ donne $g(x) = (\alpha x^2 + \beta x) e^{-x}$
et en dérivant $g'(x) = \left[-\alpha x^2 + (2\alpha - \beta) x + \beta \right] e^{-x}$ [calculs avec Ti92]
mais aussi $g''(x) = \left[\alpha x^2 + (\beta - 4\alpha) x + 2\alpha - 2\beta \right] e^{-x}$ [tjs à la Ti92]

♦ Ensuite, on remplace ces résultats dans l'équation (E) puis on identifie:

$g'' - g' - 2g = x e^{-x} \Leftrightarrow \left[\alpha x^2 + (\beta - 4\alpha) x + 2\alpha - 2\beta \right] e^{-x} - \left[-\alpha x^2 + (2\alpha - \beta) x + \beta \right] e^{-x} - 2 \left(\alpha x^2 + \beta x \right) e^{-x} = x e^{-x}$

$\Leftrightarrow \cancel{\alpha x^2} + \cancel{\beta x} - 4\alpha x + 2\alpha - 2\beta + \cancel{\alpha x^2} - 2\alpha x + \cancel{\beta x} - \beta - \cancel{2\alpha x^2} - \cancel{2\beta x} = x$

$\Leftrightarrow -6\alpha x + 2\alpha - 3\beta = x \Rightarrow \begin{cases} -6\alpha = 1 \\ 2\alpha - 3\beta = 0 \end{cases} \Leftrightarrow \begin{cases} \alpha = -1/6 \\ \beta = -1/9 \end{cases}$ donc $Q(x) = -\frac{1}{6} x - \frac{1}{9}$

♦ Par suite, on tire que la solution particulière de l'équation complète (E) est $g(x) = x \left(-\frac{1}{6} x - \frac{1}{9} \right) e^{-x}$

♦ Finalement, il apparaît maintenant que la solution générale de l'équation complète (E) est $y(x) = f_0(x) + g(x)$,

c'est-à-dire $y(x) = k_1 e^{2x} + k_2 e^{-x} + x \left(-\frac{1}{6} x - \frac{1}{9} \right) e^{-x}$, soit après regroupement des termes en e^{-x}:

$$\boxed{y(x) = k_1 e^{2x} + \left(\frac{-x^2}{6} - \frac{x}{9} + k_2 \right) e^{-x}, \quad (k_1, k_2) \in \mathbb{R}^2}$$ [-/- à la Ti92, la constante k_2 est ≠ !]

Méthode: Dans le cas de la résolution d'une équation différentielle du type (E): $a y''(x) + b y'(x) + c y(x) = d(x)$ il faut déterminer une solution particulière $g(x)$ de (E) [donc de l'équation complète] qui soit évidente.

Exemple: Soit à résoudre (E): $y'' - 5y' + 2y = d$ où $d \in \mathbb{R}$, alors une solution particulière de l'équation complète peut être la fonction $g(x) = \frac{d}{2}$ car $g''(x) = g'(x) = 0$ et en remplaçant dans l'équation complète (E) il vient $g''(x) - 5g'(x) + 2g(x) = 0 - 5 \times 0 + 2 \times \frac{d}{2} = d$. Il restera ensuite à trouver la solution générale $f_0(x)$ de l'équation homogène pour conclure classiquement par $y(x) = f_0(x) + g(x)$.

08 **Résoudre** l'équation (E): $y''(x) - 4y'(x) + 3y(x) = (2x+1)e^{-x}$

- L'équation caractéristique est $r^2 - 4r + 3 = 0$ de discriminant $\Delta = 4$, il y a donc deux racines réelles distinctes $(4 \pm 2)/2$ soit $r_1 = 3$ et $r_2 = 1$.
- Les solutions de l'équation homogène sont les fonctions de la forme:
$$f_0(x) = k_1 e^{3x} + k_2 e^x \quad , \quad (k_1, k_2) \in \mathbb{R}^2$$
- Maintenant, si on considère l'équation avec second membre, alors -1 n'est pas racine de l'équation caractéristique, on recherche donc la solution particulière sous la forme $g(x) = Q(x)e^{-x}$ avec $d°[Q(x)] = 1$.
- Si $Q(x) = \alpha x + \beta$, alors $g(x) = Q(x)e^{-x}$ donne $g(x) = (\alpha x + \beta)e^{-x}$ et en dérivant $g'(x) = (-\alpha x + \alpha - \beta)e^{-x}$ [calculs effectués à la Ti92]
mais aussi $g''(x) = (\alpha x - 2\alpha + \beta)e^{-x}$ [calculs effectués à la Ti92]
- Ensuite, on remplace ces résultats dans l'équation (E) puis on identifie:
$g'' - 4g' + 3g = (2x+1)e^{-x} \Leftrightarrow (\alpha x - 2\alpha + \beta)e^{-x} - 4(-\alpha x + \alpha - \beta)e^{-x} + 3(\alpha x + \beta)e^{-x} = (2x+1)e^{-x}$
$\Leftrightarrow (\alpha x - 2\alpha + \beta) - 4(-\alpha x + \alpha - \beta) + 3(\alpha x + \beta) = (2x+1)$
$\Leftrightarrow 8\alpha x - 6\alpha + 8\beta = 2x+1 \Rightarrow \begin{cases} 8\alpha = 2 \\ -6\alpha + 8\beta = 1 \end{cases} \Leftrightarrow \begin{cases} \alpha = 1/4 \\ \beta = 5/16 \end{cases} \Rightarrow Q(x) = \frac{1}{4}x + \frac{5}{16}$

- Par suite, on tire que la solution particulière de l'équation complète (E) est $g(x) = \left(\frac{1}{4}x + \frac{5}{16}\right)e^{-x}$

- Finalement, la solution générale de l'équation complète (E) est $y(x) = f_0(x) + g(x)$, ce qui nous donne en remplaçant $f_0(x)$ et $g(x)$ par leur expression respective: $\boxed{y(x) = k_1 e^{3x} + k_2 e^x + \left(\frac{1}{4}x + \frac{5}{16}\right)e^{-x} \quad , \quad (k_1, k_2) \in \mathbb{R}^2}$

---

09 **Résoudre** l'équation (E): $y''(x) - 4y'(x) + 3y(x) = (2x+1)e^x$

- L'équation caractéristique est $r^2 - 4r + 3 = 0$ de discriminant $\Delta = 4$, il y a donc deux racines réelles distinctes $(4 \pm 2)/2$ soit $r_1 = 3$ et $r_2 = 1$.
- Les solutions de l'équation homogène sont les fonctions de la forme:
$$f_0(x) = k_1 e^{3x} + k_2 e^x \quad , \quad (k_1, k_2) \in \mathbb{R}^2$$
- Maintenant, si on considère l'équation avec second membre, alors 1 est racine simple de l'équation caractéristique, on recherche donc la solution particulière sous la forme $g(x) = xQ(x)e^x$ avec $d°(Q) = 1$.
- Si $Q(x) = \alpha x + \beta$, alors $g(x) = xQ(x)e^x$ donne $g(x) = (\alpha x^2 + \beta x)e^x$
et en dérivant $g'(x) = \left[\alpha x^2 + (2\alpha + \beta)x + \beta\right]e^x$ [calculs avec Ti92]
mais aussi $g''(x) = \left[\alpha x^2 + (4\alpha + \beta)x + 2\alpha + 2\beta\right]e^x$ [tjs à la Ti92]
- Ensuite, on remplace ces résultats dans l'équation (E) puis on identifie:
$g'' - 4g' + 3g = (2x+1)e^x \Leftrightarrow \left[\alpha x^2 + (4\alpha + \beta)x + 2\alpha + 2\beta\right] - 4\left[\alpha x^2 + (2\alpha + \beta)x + \beta\right] + 3(\alpha x^2 + \beta x) = (2x+1)$
$\Leftrightarrow \alpha x^2 + 4\alpha x + \beta x + 2\alpha + 2\beta - 4\alpha x^2 - 8\alpha x - 4\beta x - 4\beta + 3\alpha x^2 + 3\beta x = 2x+1$
$\Leftrightarrow 2\alpha - 4\alpha x - 2\beta = 2x+1 \Rightarrow \begin{cases} -4\alpha = 2 \\ 2\alpha - 2\beta = 1 \end{cases} \Leftrightarrow \begin{cases} \alpha = -1/2 \\ \beta = -1 \end{cases} \Rightarrow Q(x) = -\frac{1}{2}x - 1$

- Par suite, on tire que la solution particulière de l'équation complète (E) est $g(x) = x\left(-\frac{1}{2}x - 1\right)e^x$

- Finalement, il apparaît maintenant que la solution générale de l'équation complète (E) est $y(x) = f_0(x) + g(x)$, c'est-à-dire $y(x) = k_1 e^{3x} + k_2 e^x + x\left(-\frac{1}{2}x - 1\right)e^x$, soit après regroupement des termes en e^x:

$$\boxed{y(x) = k_1 e^{3x} + \left(\frac{-x^2}{2} - x + k_2\right)e^x \quad , \quad (k_1, k_2) \in \mathbb{R}^2}$$ [-/- à la Ti92, la constante est ≠ !]

10 Résoudre l'équation (E) : $y''(x) - 2y'(x) + y(x) = (x-1)e^x$

- L'équation caractéristique est $r^2 - 2r + 1 = 0$ de discriminant $\Delta = 0$, il y a donc une racine double qui est $-(-2)/2$ c'est-à-dire $r_0 = 1$.
- Les solutions de l'équation homogène sont les fonctions de la forme:
$$f_0(x) = (k_1 x + k_2) e^x \quad , \quad (k_1, k_2) \in \mathbb{R}^2$$
- Maintenant, si on considère l'équation avec second membre, alors 1 est racine double de l'équation caractéristique, on recherche donc la solution particulière sous la forme $g(x) = x^2 Q(x) e^x$ avec $d°(Q) = 1$.
- Si $Q(x) = \alpha x + \beta$, alors $g(x) = x^2 Q(x) e^x$ donne $g(x) = (\alpha x^3 + \beta x^2) e^x$
et en dérivant $g'(x) = x\left[\alpha x^2 + (3\alpha + \beta)x + 2\beta\right] e^x$ [calculs avec Ti92]
mais aussi $g''(x) = \left[\alpha x^3 + (6\alpha + \beta) x^2 + (6\alpha + 4\beta)x + 2\beta\right] e^x$ [Ti92]
- Ensuite, on remplace ces résultats dans l'équation (E) puis on identifie:

$g'' - 2g' + g = (x-1)e^x \Leftrightarrow \left[\alpha x^3 + (6\alpha + \beta)x^2 + (6\alpha + 4\beta)x + 2\beta\right] - 2x\left[\alpha x^2 + (3\alpha + \beta)x + 2\beta\right] + (\alpha x^3 + \beta x^2) = x - 1$

$\Leftrightarrow \alpha x^3 + 6\alpha x^2 + \beta x^2 + 6\alpha x + 4\beta x + 2\beta - 2\alpha x^3 - 6\alpha x^2 - 2\beta x^2 - 4\beta x + \alpha x^3 + \beta x^2 = x - 1$

$\Leftrightarrow 6\alpha x + 2\beta = x - 1 \Rightarrow \begin{cases} 6\alpha = 1 \\ 2\beta = -1 \end{cases} \Leftrightarrow \begin{cases} \alpha = 1/6 \\ \beta = -1/2 \end{cases}$ donc $Q(x) = \frac{1}{6}x - \frac{1}{2}$

- Par suite, on tire que la solution particulière de l'équation complète (E) est $g(x) = x^2\left(\frac{1}{6}x - \frac{1}{2}\right)e^x$
- Finalement, il apparaît maintenant que la solution générale de l'équation complète (E) est $y(x) = f_0(x) + g(x)$, c'est-à-dire $y(x) = (k_1 x + k_2)e^x + x^2\left(\frac{1}{6}x - \frac{1}{2}\right)e^x$, soit après regroupement des termes en e^x:

$$\boxed{y(x) = \left(\frac{x^3}{6} - \frac{x^2}{2} + k_1 x + k_2\right)e^x \quad , \quad (k_1, k_2) \in \mathbb{R}^2}$$

Propriété: *Principe de superposition*

- Le principe de superposition est fondé sur le fait que:
si f_1 est solution de $a y''(x) + b y'(x) + c y(x) = d_1(x)$
et si f_2 est solution de $a y''(x) + b y'(x) + c y(x) = d_2(x)$
alors $\lambda_1 f_1 + \lambda_2 f_2$ est solution de $a y''(x) + b y'(x) + c y(x) = \lambda_1 d_1(x) + \lambda_2 d_2(x)$
- Le principe de superposition s'applique aussi bien pour déterminer une solution particulière que générale.

11 Soit l'équation (E) : $y''(x) - 4y'(x) + 3y(x) = (2x+1) sh(x)$. Donner une solution particulière de (E).

- En ne considérant que le terme de droite, on a: $(2x+1) sh(x) = (2x+1)\frac{e^x - e^{-x}}{2} = \frac{1}{2}(2x+1)e^x - \frac{1}{2}(2x+1)e^{-x}$

- Exo 09 $\Rightarrow$ $y''(x) - 4y'(x) + 3y(x) = (2x+1)e^x$ a pour solution $g_1(x) = \underbrace{k_1 e^{3x} + k_2 e^x}_{\text{sol. eq. homogène}} + \underbrace{\left(\frac{-x^2}{2} - x\right)e^x}_{\text{solution particulière}}$

- Exo 08 $\Rightarrow$ $y''(x) - 4y'(x) + 3y(x) = (2x+1)e^{-x}$ a pour solution $g_2(x) = \underbrace{k_1 e^{3x} + k_2 e^x}_{\text{sol. eq. homogène}} + \underbrace{\left(\frac{1}{4}x + \frac{5}{16}\right)e^{-x}}_{\text{solution particulière}}$

- Le principe de superposition permet d'avancer qu'une solution particulière $g_0(x)$ de l'équation (E) peut être obtenue au moyen de la combinaison linéaire:

$g_0(x) = \frac{g_1(x) - g_2(x)}{2} \Leftrightarrow g_0(x) = \dfrac{\left(\frac{-x^2}{2} - x\right)e^x - \left(\frac{1}{4}x + \frac{5}{16}\right)e^{-x}}{2} \Rightarrow \boxed{g_0(x) = \left(\frac{-x^2}{4} - \frac{x}{2}\right)e^x - \left(\frac{x}{8} + \frac{5}{32}\right)e^{-x}}$

Méthode: Si on doit résoudre une éq. du type $ay''(x)+by'(x)+cy(x) = e^{ux}\left[\cos(vx)P(x)+\sin(vx)Q(x)\right]$ avec a, b et c réels, alors puisque $\cos(vx)$ et $\sin(vx)$ sont des combinaisons linéaires de e^{ivx} et e^{-ivx} [d'après les formules d'Euler $\cos\theta = (e^{i\theta}+e^{-i\theta})/2$ et $\sin\theta = (e^{i\theta}-e^{-i\theta})/2i$], en utilisant le principe de superposition on se ramène à la résolution d'une équation différentielle avec un second membre de la forme $e^{(u+iv)x}P(x)$ où P est un polynôme, il suffit ensuite d'utiliser les techniques précédentes décrites page 3. On passe ainsi provisoirement au domaine complexe avant de revenir au cas réel par des combinaisons linéaires, en prenant selon les cas la partie réelle ou la partie imaginaire du résultat.

12 Résoudre l'équation (E) : $y''(x) - 4y'(x) + 3y(x) = xe^x\cos(x)$

- L'équation caractéristique est $r^2 - 4r + 3 = 0$ de discriminant $\Delta = 4$, il y a donc deux racines réelles distinctes $(4\pm 2)/2$ soit $r_1 = 3$ et $r_2 = 1$.
- Les solutions de l'équation homogène sont les fonctions de la forme:
$$f_0(x) = k_1 e^{3x} + k_2 e^x \;, \; (k_1, k_2) \in \mathbb{R}^2$$
- Plutôt que de prendre en compte le second membre de l'équation tel quel, on va considérer un second membre sous la forme $xe^x e^{ix}$ c'est-à-dire $xe^x\left[\cos(x) + i\sin(x)\right]$ ou encore $xe^{(1+i)x}$ dont il ne restera ensuite plus qu'à conserver uniquement la partie réelle du résultat.
- On considère le second membre sous la forme $xe^{(1+i)x}$, alors $1+i$ n'est pas racine de l'équation caractéristique, on recherche donc la solution particulière sous la forme $g(x) = Q(x)e^{(1+i)x}$ avec $d°[Q(x)] = 1$.
- Si $Q(x) = \alpha x + \beta$ alors $g(x) = Q(x)e^{(1+i)x}$ donne $g(x) = (\alpha x + \beta)e^{(1+i)x}$
et en dérivant $g'(x) = \left[\alpha x(1+i) + \alpha + \beta(1+i)\right]e^{(1+i)x}$ [Ti92]
mais aussi $g''(x) = \left[\alpha x(1+i)^2 + \alpha(2i+2) + \beta(1+i)^2\right]e^{(1+i)x}$ [Ti92]
- Ensuite, on remplace ces résultats dans l'équation (E) puis on identifie:

$g'' - 4g' + 3g = xe^{(1+i)x}$ $\Leftrightarrow$ $\left[\alpha x(1+i)^2 + \alpha(2i+2) + \beta(1+i)^2\right] - 4\left[\alpha x(1+i) + \alpha + \beta(1+i)\right] + 3(\alpha x + \beta) = x$

$\Leftrightarrow \alpha x(1+i)^2 + \alpha(2i+2) + \beta(1+i)^2 - 4\alpha x(1+i) - 4\alpha - 4\beta(1+i) + 3\alpha x + 3\beta = x$

$\Leftrightarrow 2i\alpha x + 2\alpha i + 2\alpha + 2i\beta - 4\alpha x - 4\alpha xi - 4\alpha - 4\beta - 4\beta i + 3\alpha x + 3\beta = x$

$\Leftrightarrow 2\alpha i - \alpha x - 2\alpha xi - 2\alpha - \beta - 2\beta i = x \Rightarrow \begin{cases} -\alpha x - 2\alpha xi = x \\ 2\alpha i - 2\alpha - \beta - 2\beta i = 0 \end{cases}$

$\Leftrightarrow \begin{cases} -\alpha - 2\alpha i = 1 \\ 2\alpha i - 2\alpha - \beta - 2\beta i = 0 \end{cases} \Rightarrow \begin{cases} \alpha = -\dfrac{1}{5} + \dfrac{2}{5}i \\ \beta = -\dfrac{14}{25} - \dfrac{2}{25}i \end{cases}$ donc $Q(x) = \left(-\dfrac{1}{5} + \dfrac{2}{5}i\right)x - \dfrac{14}{25} - \dfrac{2}{25}i$

- Par suite, on tire que la solution particulière de l'équation complète avec comme second membre $xe^{(1+i)x}$ est:
$$g(x) = \left[\left(-\frac{1}{5} + \frac{2}{5}i\right)x - \frac{14}{25} - \frac{2}{25}i\right]e^{(1+i)x}$$

- Or, on a vu dans le cours que pour tout complexe z on a $\text{Re}(z) = \dfrac{z+\overline{z}}{2}$ et $\text{Im}(z) = \dfrac{z-\overline{z}}{2i}$, donc ici la solution particulière de l'équation complète avec comme second membre $xe^x\cos(x)$ est la fonction h(x) telle que:

$h(x) = \text{Re}[g(x)] = \dfrac{g(x) + \overline{g(x)}}{2}$ d'où après calculs à la Ti92: $h(x) = \left(-\dfrac{x}{5} - \dfrac{14}{25}\right)e^x\cos(x) + \left(\dfrac{2}{25} - \dfrac{2x}{5}\right)e^x\sin(x)$

- Finalement, la solution générale de l'équation complète (E) est $y(x) = f_0(x) + h(x)$, ce qui nous donne:

$$\boxed{y(x) = k_1 e^{3x} + k_2 e^x + \left(-\frac{x}{5} - \frac{14}{25}\right)e^x\cos(x) + \left(\frac{2}{25} - \frac{2x}{5}\right)e^x\sin(x) \;, \; (k_1, k_2) \in \mathbb{R}^2}$$

- **Rmq:** Sur la Ti92, pour y voir clair, c'est d'abord un "i" normal qui est tapé pour g(x) afin de récupérer g' et g'', il est ultérieurement remplacé par le "i" complexe au moment de simplifier l'expression obtenue. Au moment de remplacer dans l'équation (E), afin d'y voir plus clair, ne pas tenir compte du facteur $e^{(1+i)x}$.

Espaces vectoriels

Les éléments de E sont des vecteurs.
Les éléments de K sont des scalaires.

La photocopie tue le livre

On appelle **K-ev** tout ensemble E muni d'une loi interne notée + et d'une loi externe $K \times E \to E$, $(\lambda, x) \to \lambda x$ telles que:
① $(E,+)$ est un groupe abélien, càd commutatif
② $\forall \lambda \in K$, $\forall x, y \in E$, $\lambda(x+y) = \lambda x + \lambda y$
③ $\forall \lambda, \mu \in K$, $\forall x \in E$, $(\lambda + \mu)x = \lambda x + \mu x$
④ $\forall \lambda, \mu \in K$, $\forall x \in E$, $(\lambda \mu)x = \lambda(\mu x)$
⑤ $\forall x \in E$, $1x = x$

On appelle **K-algèbre** tout ensemble A muni d'une loi interne notée +, d'une loi externe $K \times A \to A$, $(\lambda, x) \mapsto \lambda x$ et d'une loi interne notée ici * telles que:
① $(A, +, .)$ est un K-espace vectoriel
② la LCI * est distributive sur la loi +
③ $\forall \lambda \in K$, $\forall x, y \in A$, $\lambda(x*y) = (\lambda x)*y = x*(\lambda y)$

Une K-algèbre A est dite associative ssi * l'est, commutative ssi * l'est, unitaire ssi A admet un neutre pour *

Soient E un K-espace vectoriel et $F \in \mathcal{P}(E)$. On dit que F est un **sous-espace vectoriel** de E si, et seulement si:
① $0_E \in F$ ② $\forall x, y \in F$, $x+y \in F$ ③ $\forall \lambda, x \in K \times F$, $\lambda x \in F$ ou encore ① $0_E \in F$ ② $\forall \lambda, x, y \in K \times F^2$, $x + \lambda y \in F$

Soit E un K-ev et $F \in \mathcal{P}(E)$. Pour que F soit un sev de E, il suffit que $F \neq \emptyset$ soit stable par combinaisons linéaires.

Soient E un K-ev, F_1, F_2 deux sev de E. On appelle **somme** de F_1 et F_2 et $F_1 + F_2$ est un sev de E:
$F_1 + F_2 = \{ x \in E ; \exists (x_1, x_2) \in F_1 \times F_2, x = x_1 + x_2 \}$
$= \{ x_1 + x_2 ; (x_1, x_2) \in F_1 \times F_2 \}$

Soit E un K-espace vectoriel, F et G deux sev de E. On dit que F et G sont en **somme directe**, ou que F et G sont **supplémentaires** dans E, si et seulement si on a:
$E = F + G$ et $F \cap G = \{0_E\}$. On note alors: $E = F \oplus G$

Soit A une K-algèbre de 3ème loi notée *, et $B \in \mathcal{P}(A)$. On dit que B est une **sous-algèbre** de A si, et ssi:
① B est un sev du K-ev A ② $\forall x, y \in B$, $x*y \in B$

Autrement dit, une partie B d'une algèbre A est une **sous-algèbre** de A si, et seulement si:
① B est non vide, soit $0_E \in B$ ② $\forall x, y \in B$, $x+y \in B$ ③ $\forall \lambda, x \in K \times B$, $\lambda x \in B$ ④ $\forall x, y \in B$, $x*y \in B$

Indépendance et dépendance linéaire:
- On dit qu'une famille $(x_1, ..., x_n)$ de vecteurs de E est une famille libre, ou que les vecteurs x_i sont linéairement indépendants, si on a:
$$\sum_{i=1}^{n} \lambda_i x_i = 0 \Rightarrow \forall i \in [\![1, n]\!], \lambda_i = 0$$
- Dans le cas contraire, on dit que la famille est liée, ou que les vecteurs sont linéairement dépendants.
- Pour qu'une famille soit liée, il suffit que l'un de ses éléments x_i soit combinaison linéaire des autres.
- Toute sous-famille non vide d'1 famille libre est libre.
- Une famille qui contient le vecteur nul 0_E est liée.
- Deux vecteurs sont liés si, et ssi, ils sont colinéaires.

Famille génératrice d'un sous-espace vectoriel:
- L'ensemble des combinaisons linéaires des vecteurs d'une famille $(x_1, ..., x_n)$ est un sev de E.
- On dit que ce sous-espace vectoriel F est engendré par la famille, ou que la famille est une famille génératrice de F, et on note: $\text{Vect}(x_1, ..., x_n)$
- $x \in \text{Vect}(x_1, \cdots, x_n) \Leftrightarrow \forall i, \exists \lambda_i \in K, x = \sum \lambda_i x_i$

Base d'un espace vectoriel:
- Une famille $(x_1, ..., x_n)$ est une base de E si, et ssi elle est à la fois libre et génératrice de E.
- Les scalaires x_i sont les coordonnées (on dit aussi composantes) du vecteur x dans la base $(e_1, ..., e_n)$.
- $x \in E$ admet une décomposition unique: $x = \sum_{i=1}^{n} x_i e_i$

Dimension d'un espace vectoriel:
- Si E possède une base comportant un nombre fini n de vecteurs, on dit que E est de dimension finie n.
- Toute base de E comporte aussi n vecteurs. On dit que n est la dimension de E et on la note: $\dim(E) = n$
- L'espace vectoriel $\{0_E\}$ est de dimension nulle, càd 0.
- La dimension n de E est le nombre minimum d'éléments d'une famille génératrice et aussi le nombre maximum d'éléments d'une famille libre.

Dimension d'une somme:
- Si F et G sont deux sev de E: Formule de Grassmann
$\dim(F + G) = \dim(F) + \dim(G) - \dim(F \cap G)$
- En particulier, si F et G sont supplémentaires, on a:
$\dim(F \oplus G) = \dim(F) + \dim(G)$
- Tout sev F de E admet des supplémentaires, qui ont tous pour dimension: $\dim(E) - \dim(F)$
- F et G sont supplémentaires ssi en réunissant une base de F et une base de G, on a une base de E.

Dimension de deux sev de dimension finie:
- Soit E et F de dimension finie: $\dim(E \times F) = \dim E + \dim F$
- Tout sev F de E est de dim finie et: $\dim(F) \leq \dim(E)$
- Si $\dim(F) = \dim(E)$ et $F \subset E$ alors $F = E$
- Si $\dim(F) = \dim(E) - 1$ alors F est un hyperplan de E
- Comme exemples d'hyperplans, on peut penser à une droite dans le plan ou à un plan dans l'espace.

- Si E est un ev non réduit à $\{0_E\}$, alors toute famille libre de E peut être complétée en une base de E.
- Tout ev non réduit à $\{0_E\}$ admet au moins une base.
- Soit E un espace vectoriel de dimension finie n.
  → Toute famille libre de E a au plus n vecteurs. Si elle a n vecteurs alors c'est une base.
  → Toute famille génératrice de E a au moins n vecteurs. Si elle a n vecteurs c'est une base.

Applications linéaires

Les éléments de E sont des vecteurs.
Les éléments de K sont des scalaires.

La photocopie tue le livre

Soient E, F deux K-ev. Une application $f: E \to F$ est **linéaire** si, et seulement si:
- ① $\forall (x,y) \in E^2$, $f(x+y) = f(x)+f(y)$
- ② $\forall \lambda, x \in K \times E$, $f(\lambda x) = \lambda f(x)$

- On note $\mathscr{L}(E,F)$ l'**ensemble des applications linéaires** de E dans F.
- On note $\mathscr{L}(E)$ ou $\mathscr{L}(E,E)$ l'**ensemble des endomorphismes** de E.
- L'ensemble $\mathscr{GL}(E)$ des automorphismes de E est un groupe pour $\circ$ appelé **groupe linéaire** de E. $\mathscr{L}(E,F)$ est 1 K-ev pour les lois usuelles.

- Soit E,F deux K-ev et $f: E \to F$ une application. On dit que f est un **isomorphisme de E sur F** ssi f est linéaire et bijective.
- Soit E un K-ev et $f: E \to E$ une application. On dit que f est un **endomorphisme de E** si, et ssi, f est linéaire. Ainsi, un endomorphisme est une application linéaire de E ds lui-même.
- Soient E un K-ev et $f: E \to E$ une application. On dit que f est un **automorphisme de E** si et ssi f est linéaire et bijective.

Soit E un K-ev. On appelle **forme linéaire** sur E toute application linéaire φ de E ds K. On note $E^* = \mathscr{L}(E,K)$ que l'on appelle le **dual** de E, l'ensemble des formes linéaires sur E.

Soit E,F deux K-ev et $f: E \to F$ une application. L'application f est linéaire si et seulement si:
$\forall (\lambda, x, y) \in K \times E^2$, $f(x+\lambda y) = f(x)+\lambda f(y)$

Soient E,F deux K-ev et $f \in \mathscr{L}(E,F)$. On a pour tous $n \in \mathbb{N}^*$ et $(\lambda_1,...,\lambda_n) \in K^n$ et $(x_1,...,x_n) \in E^n$
$$f\left(\sum_{i=1}^n \lambda_i x_i\right) = \sum_{i=1}^n \lambda_i f(x_i)$$

Soit E un K-ev de dimension finie, F un K-ev et $\mathscr{B}=(e_1,...,e_n)$ une base de E et $f \in \mathscr{L}(E,F)$ et $x \in E$ et $(x_1,...,x_n)$ les composantes de x dans la base $\mathscr{B}$, càd $x = \sum_{i=1}^n x_i e_i$, alors on a: $f(x) = \sum_{i=1}^n x_i f(e_i)$

Soient A et B deux K-algèbres de 3ème loi notée multiplicativement. Une application $f: A \to B$ est appelée **morphisme d'algèbres** ssi:
$\forall \lambda, x, y \in K \times A^2$, $f(x+y) = f(x)+f(y)$, $f(\lambda x) = \lambda f(x)$, $f(xy) = f(x)f(y)$

Deux K-ev E et F sont dits **isomorphes** ssi il existe un isomorphisme de K-ev de E sur F.

- Soient A, B deux K-algèbres et $f: A \to B$ une application. On dit que f est un **isomorphisme d'algèbres** de A sur B si et ssi f est un morphisme d'algèbres et est bijective.
- Soient A un K-algèbre et $f: A \to A$ une application. On dit que f est un **endomorphisme de l'algèbre A** ssi f est un morphisme d'algèbres de A dans A. Donc, f est un morphisme d'algèbres ssi f est linéaire (de l'ev A dans l'ev B) et si f est un morphisme pour la troisième loi.
- Soient A, B deux K-algèbres et $f: A \to A$ une application. On dit que f est un **automorphisme de l'algèbre A** ssi f est un endomorphisme de l'algèbre A et est bijective.

Soient E et F deux K-ev et $f \in \mathscr{L}(E,F)$
- Pour tout sev E_1 de E, l'**image directe** $f(E_1) = \{ y \in F ; \exists x \in E_1, y = f(x) \}$ est un sev de F.
- Pour tout sev F_1 de F, l'**image réciproque** $f^{-1}(F_1) = \{ x \in E ; f(x) \in F_1 \}$ est un sev de E.

Soient E et F deux K-ev et $f \in \mathscr{L}(E,F)$
- On appelle **noyau** de f le sev de E défini par: $\text{Ker}(f) = f^{-1}(\{0\}) = \{ x \in E ; f(x) = 0 \}$
- On appelle **image** de f le sev de F défini par: $\text{Im}(f) = f(E) = \{ y \in F ; \exists x \in E, y = f(x) \}$

Soient E, F deux K-ev, $f \in \mathscr{L}(E,F)$ et $\mathscr{F}=(x_1,...,x_n)$ une famille d'éléments de E. $f(\mathscr{F})$ désigne la famille $(f(x_1),...,f(x_n))$. Pour toute famille finie $\mathscr{F}$ d'éléments de E on a: $f(\text{Vect}(\mathscr{F})) = \text{Vect}(f(\mathscr{F}))$

Soient E et F deux K-espaces vectoriels et $f \in \mathscr{L}(E,F)$
- f est **injective** ssi $\text{Ker}(f)=\{0\}$ soit si: $\forall x \in E, f(x)=0 \Rightarrow x=0$
- f est **surjective** ssi $\text{Im}(f)=F$ soit si: $\forall y \in F, \exists x \in E, y=f(x)$

Soient $f \in \mathscr{L}(E,F)$ et $\mathscr{F}$ une famille d'éléments de E.
- Si $\mathscr{F}$ est liée alors $f(\mathscr{F})$ est liée.
- Si $f(\mathscr{F})$ est libre alors $\mathscr{F}$ est libre.

Soit E un K-ev de dimension finie, F un K-ev et $f \in \mathscr{L}(E,F)$. Les propriétés suivantes sont deux-à-deux équivalentes:
- f est bijective.
- Pour toute base $\mathscr{B}$ de E alors $f(\mathscr{B})$ est une base de F.
- Il existe une base $\mathscr{B}$ de E tq $f(\mathscr{B})$ soit une base de F.

Soient $f \in \mathscr{L}(E,F)$ et $\mathscr{F}$ une famille d'éléments de E. Si f est injective et $\mathscr{F}$ est libre alors $f(\mathscr{F})$ est libre.

| Si $f \in \mathscr{L}(E,F)$ est surjective, si $\mathscr{F}$ engendre E alors $f(\mathscr{F})$ engendre F | $(\mathscr{L}(E),+,\cdot,\circ)$ est K-algèbre associative unitaire |

Soit E, F deux K-ev et $f \in \mathscr{L}(E,F)$. Si f est un **isomorphisme** de E sur F alors f^{-1} est un isomorphisme de F sur E.

Soit E, F deux K-ev de dimension finie. Pour que E et F soient isomorphes, il faut et il suffit que: $\dim(E) = \dim(F)$

| Tout K-ev de dim $n \in \mathbb{N}^*$ est isomorphe à K^n | Un endomorphisme f d'un K-ev est **nilpotent** ssi: $\exists p \in \mathbb{N}^*, f^p=0$ |

Le rang d'une famille finie de vecteurs est la dimension du sev qu'ils engendrent ; c'est aussi le nombre maximum de vecteurs linéairement indépendants qu'on peut extraire de la famille.

Soient E et F deux K-ev de dimension finie et $f \in \mathscr{L}(E,F)$. On appelle rang de f l'entier naturel $\text{rg}(f) = \dim(\text{Im}(f)) = \dim(E) - \dim(\text{Ker}(f))$

Soient E, F deux K-ev de dimension finie et $f \in \mathscr{L}(E,F)$. Alors on a:
- f injective $\Leftrightarrow$ rg(f)=dim(E)
- f surjective $\Leftrightarrow$ rg(f) = dim(F)
- $\dim(\mathscr{L}(E,F)) = \dim(E) \times \dim(F)$

Si E et F sont deux espaces vectoriels de même dimension finie alors pour tout $f \in \mathscr{L}(E,F)$ on a:
$\text{Ker}(f) = \{0\} \Leftrightarrow$ f bijective $\Leftrightarrow \text{Im}(f) = F$

$(k, R, \theta) \in \mathbb{R}^3$

Sections planes de surfaces

La photocopie tue le livre

Cylindre d'axe Oz et de rayon R

- C'est une surface de l'espace d'équation $x^2 + y^2 = R^2$
- Sa section avec un plan P d'équation $z = k$ (c'est-à-dire parallèle au plan xOy) est le cercle d'équation $x^2 + y^2 = R^2$ dans le plan P.
- Sa section avec un plan Q d'équation $y = k$ (càd // à xOz) est:
  - $\rightarrow$ si $|k| > R$: l'ensemble vide,
  - $\rightarrow$ si $|k| = R$: l'unique droite d'équation $x = 0$ dans le plan Q,
  - $\rightarrow$ si $|k| < R$: les 2 droites d'équations $x = \pm\sqrt{R^2 - k^2}$ dans Q.
- Sa section avec un plan H d'équation $x = k$ (càd // à yOz) est:
  - $\rightarrow$ si $|k| > R$: l'ensemble vide, $\rightarrow$ si $|k| = R$: $y = 0$ dans H,
  - $\rightarrow$ si $|k| < R$: les 2 droites d'équations $y = \pm\sqrt{R^2 - k^2}$ dans H.

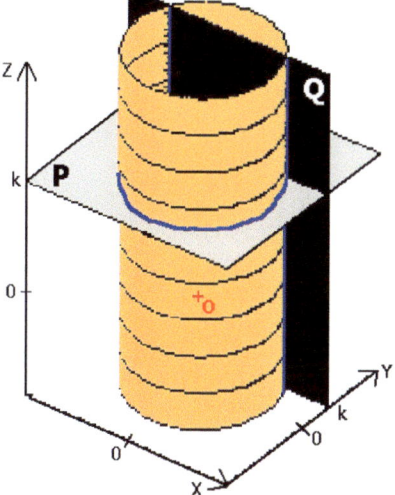

Cône d'axe Oz, de centre O et d'ouverture θ

- C'est une surface de l'espace d'équation $x^2 + y^2 = z^2 \tan^2(\theta)$
- Sa section avec un plan P d'équation $z = k$ (c'est-à-dire parallèle au plan xOy) est le cercle d'équation $x^2 + y^2 = k^2 \tan^2(\theta)$ dans P.
- Sa section avec un plan Q d'équation $y = k$ (càd // à xOz) est:
  - $\rightarrow$ si $k = 0$: les droites d'équations $x = \pm z \tan(\theta)$ dans Q,
  - $\rightarrow$ si $k \neq 0$: une hyperbole dont l'équation peut s'écrire XZ=K après un changement de variables dans un repère du plan Q
- Sa section avec un plan H d'équation $x = k$ (càd // à yOz) est:
  - $\rightarrow$ si $k = 0$: les droites d'équations $y = \pm z \tan(\theta)$ dans H,
  - $\rightarrow$ si $k \neq 0$: une hyperbole dont l'équation peut s'écrire YZ=K après un changement de variables dans un repère du plan H.

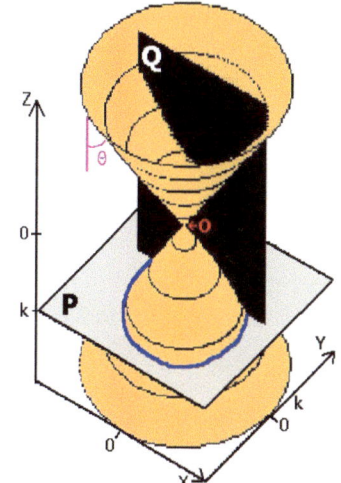

Paraboloïde elliptique (bol) d'axe Oz

- C'est une surface de l'espace d'équation $z = x^2 + y^2$
- Sa section avec un plan P d'équation $z = k$ (càd // à xOy) est:
  - $\rightarrow$ si $k < 0$: l'ensemble vide,
  - $\rightarrow$ si $k = 0$: le point O origine du repère,
  - $\rightarrow$ si $k > 0$: le cercle d'équation $x^2 + y^2 = k$ dans le plan P.
- Sa section avec un plan Q d'équation $y = k$ (c'est-à-dire parallèle à xOz) est la parabole d'équation $z = x^2 + k^2$ dans le plan Q.
- Sa section avec un plan H d'équation $x = k$ (c'est-à-dire parallèle à yOz) est la parabole d'équation $z = k^2 + y^2$ dans le plan H.

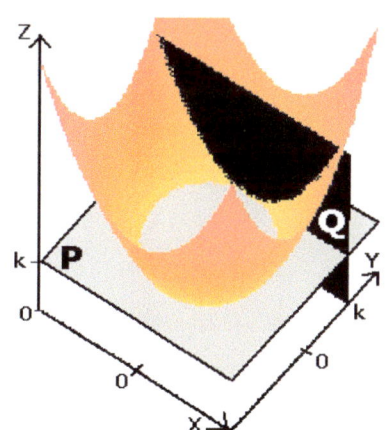

Paraboloïde hyperbolique (à selle)

- C'est une surface de l'espace d'équation $z = xy$
- Sa section avec un plan P d'équation $z = k$ (càd // à xOy) est:
  - $\rightarrow$ si $k = 0$: les droites d'équations $x = 0$ et $y = 0$ dans P,
  - $\rightarrow$ si $k \neq 0$: l'hyperbole d'équation $k = xy$ dans le plan P.
- Sa section avec un plan Q d'équation $y = k$ (c'est-à-dire parallèle à xOz) est la droite d'équation $z = xk$ dans le plan Q.
- Sa section avec un plan H d'équation $x = k$ (c'est-à-dire parallèle à yOz) est la droite d'équation $z = ky$ dans le plan H.

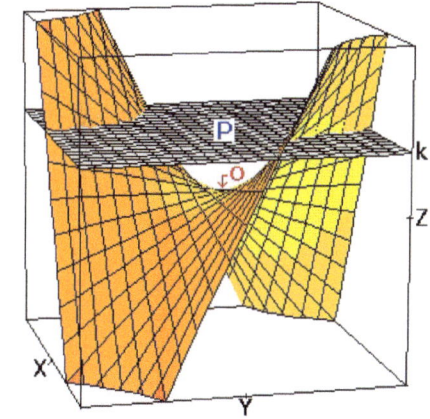

Fonctions circulaires et hyperboliques

Remplacer **cos** par **ch** et **sin** par **i.sh** ($i^2=-1$). <u>Attention</u>: pour les dérivées cette propriété n'est plus valable.

$\cos^2\alpha + \sin^2\alpha =$	$\text{ch}^2\alpha - \text{sh}^2\alpha =$
$\cos(\alpha+\beta)=$	$\text{ch}(\alpha+\beta)=$
$\sin(\alpha+\beta)=$ s	$\text{sh}(\alpha+\beta)=$
$\tan(\alpha+\beta)=$	$\text{th}(\alpha+\beta)=$
$\cos(\alpha-\beta)=$	$\text{ch}(\alpha-\beta)=$
$\sin(\alpha-\beta)=$	$\text{sh}(\alpha-\beta)=$
$\tan(\alpha-\beta)=$	$\text{th}(\alpha-\beta)=$
$\cos(2\alpha)=$	$\text{ch}(2\alpha)=$
$=$	$=$
$=$	$=$
$\sin(2\alpha)=$	$\text{sh}(2\alpha)=$
$\tan(2\alpha)=$	$\text{th}(2\alpha)=$
$\cos\alpha\cdot\cos\beta=$	$\text{ch}\alpha\cdot\text{ch}\beta=$
$\sin\alpha\cdot\sin\beta=$	$\text{sh}\alpha\cdot\text{sh}\beta=$
$\sin\alpha\cdot\cos\beta=$	$\text{sh}\alpha\cdot\text{ch}\beta=$
$\cos\alpha+\cos\beta=$	$\text{ch}\alpha+\text{ch}\beta=$
$\cos\alpha-\cos\beta=$	$\text{ch}\alpha-\text{ch}\beta=$
$\sin\alpha+\sin\beta=$	$\text{sh}\alpha+\text{sh}\beta=$
$\sin\alpha-\sin\beta=$	$\text{sh}\alpha-\text{sh}\beta=$
si $t=\tan\dfrac{\alpha}{2}$ alors $\begin{cases}\sin\alpha=\\ \cos\alpha=\\ \tan\alpha=\end{cases}$	si $t=\text{th}\dfrac{\alpha}{2}$ alors $\begin{cases}\text{sh}\alpha=\\ \text{ch}\alpha=\\ \text{th}\alpha=\end{cases}$
$(\cos\alpha)'=$	$(\text{ch}\alpha)'=$
$(\sin\alpha)'=$	$(\text{sh}\alpha)'=$
$(\tan\alpha)'= \quad =$	$(\text{th}\alpha)'= \quad =$
$(\arccos\alpha)'=$	$(\text{argch}\alpha)'=$
$(\arcsin\alpha)'=$	$(\text{argsh}\alpha)'=$
$(\arctan\alpha)'=$	$(\text{argth}\alpha)'=$

Primitives usuelles

k et α sont des constantes.

$$\int e^{\alpha t}\, dt =$$

$\int t^\alpha\, dt =$

$\int \dfrac{1}{t}\, dt =$

$\int \dfrac{1}{1+t^2}\, dt =$

$\int \dfrac{1}{1-t^2}\, dt =$

$\int \dfrac{1}{\sqrt{1-t^2}}\, dt =$

$\int \dfrac{1}{\sqrt{\alpha+t^2}}\, dt =$

$\int \cos(t)\, dt =$

$\int \text{ch}(t)\, dt =$

$\int \sin(t)\, dt =$

$\int \text{sh}(t)\, dt =$

$\int \dfrac{1}{\cos^2(t)}\, dt =$

$\int \dfrac{1}{\text{ch}^2(t)}\, dt =$

$\int \dfrac{1}{\sin^2(t)}\, dt =$

$\int \dfrac{1}{\text{sh}^2(t)}\, dt =$

$\int \dfrac{1}{\cos(t)}\, dt =$

$\int \dfrac{1}{\text{ch}(t)}\, dt =$

$\int \dfrac{1}{\sin(t)}\, dt =$

$\int \dfrac{1}{\text{sh}(t)}\, dt =$

$\int \tan(t)\, dt =$

$\int \text{th}(t)\, dt =$

$\int \text{cotan}(t)\, dt =$

$\int \text{coth}(t)\, dt =$

Fiche 08 FV – Primitives usuelles.

Développements limités au voisinage de 0

$e^x =$

$\cos(x) =$

$\sin(x) =$

$\tan(x) =$

$\text{ch}(x) =$

$\text{sh}(x) =$

$\text{th}(x) =$

$\ln(1+x) =$

$(1+x)^\alpha =$

$\dfrac{1}{1+x} =$

$\dfrac{1}{1-x} =$

$\sqrt{1+x} =$

$\dfrac{1}{\sqrt{1+x}} =$

$\arccos(x) =$

$\arcsin(x) =$

$\arctan(x) =$

Équations différentielles

Noter (E): $a(x)y'(x)+b(x)y(x)=c(x)$ l'équation complète,

et   (E): $a(x)y'(x)+b(x)y(x)=0$ l'équation homogène (c'est-à-dire sans second membre).

Étape 1: Ensemble des solutions de l'équation homogène (E_0) :

Étape 2: Solution particulière de l'équation complète (E)   :

Étape 3: Solution générale de l'équation complète (E)   :

Soit (E_0) : $ay''(x)+by'(x)+cy(x)=0$ avec $(a,b,c)\in\mathbb{C}^3$. On note $ar^2+br+c=0$ l'équation caractéristique.

- Si $ar^2+br+c=0$ admet deux racines distincts r_1 et r_2,
  alors les solutions de (E_0) sont les fonctions de la forme:
- Si $ar^2+br+c=0$ admet une racine double r_0, alors les
  solutions de (E_0) sont les fonctions de la forme:
- Si $ar^2+br+c=0$ admet deux racines conjuguées $\alpha\pm i\beta$
  alors les solutions de (E_0) sont les fonctions de la forme:

Soit (E): $ay''(x)+by'(x)+cy(x)=P(x)e^{\lambda x}$ avec $(a,b,c,\lambda)\in\mathbb{C}^3\times\mathbb{R}$ et $P(x)$ un polynôme de degré $n\in\mathbb{N}$

- La solution générale de l'équation complète (E) est la somme de l'ensemble des solutions de l'équation homogène (E_0) et d'une solution particulière de l'équation complète (E), on a donc:
- Trois cas de figure se présentent alors suivant que l'exposant λ est ou non racine de l'équation caractéristique:
  → si λ est racine double du trinôme $ar^2+br+c=0$, alors:
  → si λ est racine simple du trinôme $ar^2+br+c=0$, alors:
  → si λ n'est pas racine du trinôme $ar^2+br+c=0$, alors:

Propriété: *Principe de superposition*
- Le principe de superposition est fondé sur le fait que:
  si f_1 est solution de $ay''(x)+by'(x)+cy(x)=d_1(x)$
  et si f_2 est solution de $ay''(x)+by'(x)+cy(x)=d_2(x)$
  alors $\lambda_1 f_1+\lambda_2 f_2$ est solution de:
- Le principe de superposition s'applique aussi bien pour déterminer une solution particulière que générale.

---

01 Résoudre sur $]0;+\infty[$ l'équation (E) : $xy'(x)-y(x)=x^2 e^x$

02 Résoudre dans $\mathbb{R}$ l'équation   (E) : $y'(x)+2y(x)=x^2-2x+3$

03 Résoudre l'équation homogène (E_0) : $y''(x)+4y'(x)-5y(x)=0$

04 Résoudre l'équation homogène (E_0) : $y''(x)-2y'(x)+y(x)=0$

05 Résoudre l'équation homogène (E_0) : $y''(x)+2y'(x)+2y(x)=0$

06 Résoudre l'équation homogène (E_0) : $y''(x)-6y'(x)+5y(x)=0$ Avec les conditions: $y(0)=0$ et $y'(0)=1$

07 Résoudre l'équation (E) : $y''(x)-y'(x)-2y(x)=xe^{-x}$

08 Résoudre l'équation (E) : $y''(x)-4y'(x)+3y(x)=(2x+1)e^{-x}$

09 Résoudre l'équation (E) : $y''(x)-4y'(x)+3y(x)=(2x+1)e^{x}$

10 Résoudre l'équation (E) : $y''(x)-2y'(x)+y(x)=(x-1)e^{x}$

11 Résoudre l'équation (E) : $y''(x)-4y'(x)+3y(x)=(2x+1)\operatorname{sh}(x)$

12 Résoudre l'équation (E) : $y''(x)-4y'(x)+3y(x)=xe^{x}\cos(x)$

Premiers pas en calcul formel
Calculatrices Ti89 – Ti92 – V200

La photocopie tue le livre

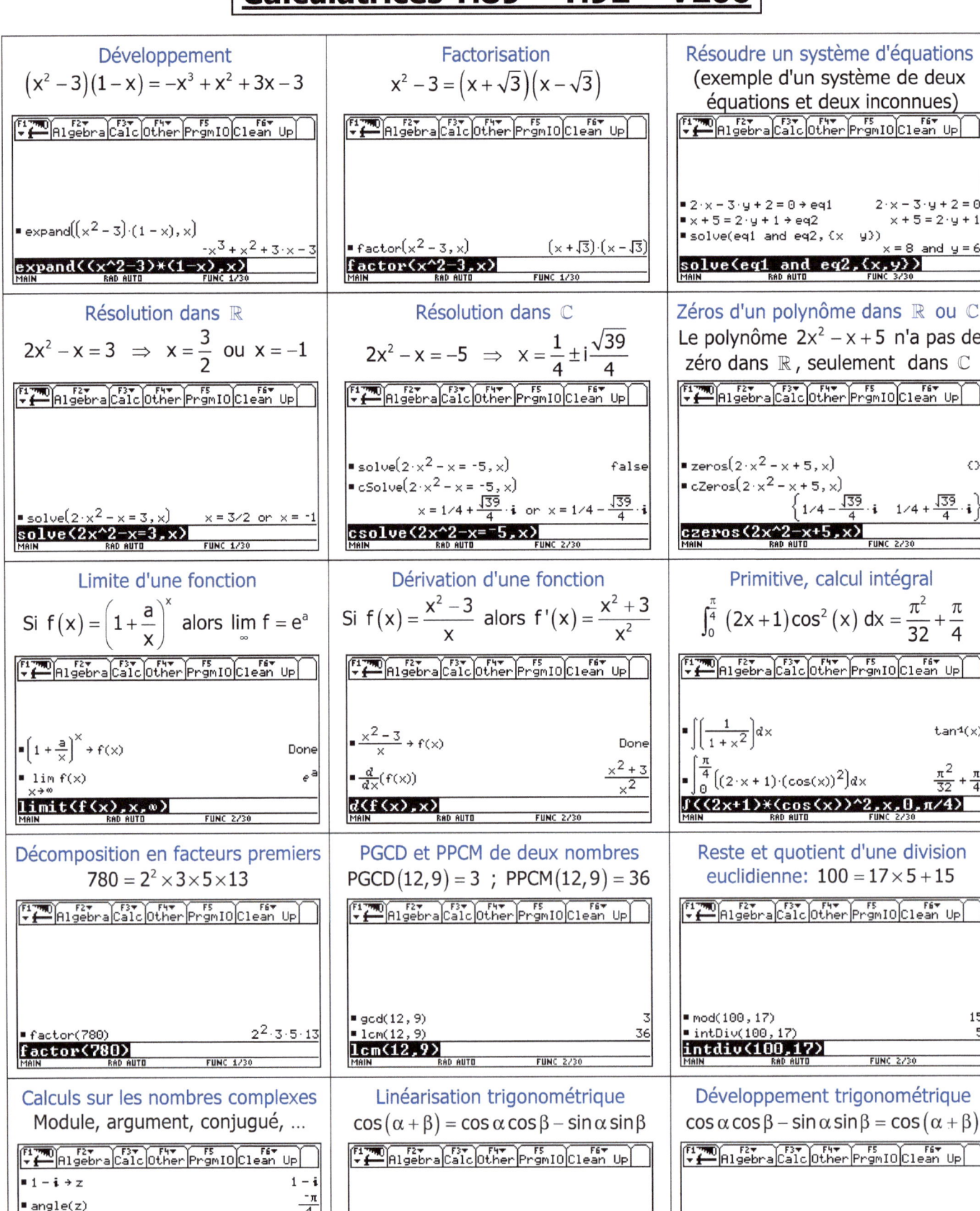

Représentations graphiques des suites au moyen des calculatrices Ti89–Ti92–V200

La photocopie tue le livre

On considère la suite numérique (u_n) définie par récurrence par:

$$\begin{cases} u_n = 3\sqrt{10 - u_{n-1}} \\ u_1 = \dfrac{1}{2} \end{cases}$$

Il s'agit ici de représenter graphiquement cette suite afin d'être en mesure de conjecturer sa convergence et sa limite

a/ Configurer la calculatrice dans le mode séquence (pour les suites)

[ON] [MODE] [▷] [4] [ENTER]

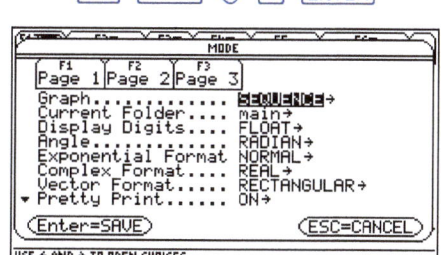

b/ Définir la suite (u_n) telle que: $u_n = 3\sqrt{10 - u_{n-1}}$ et $u_1 = \dfrac{1}{2}$

[◆] [Y=] ... [ENTER]

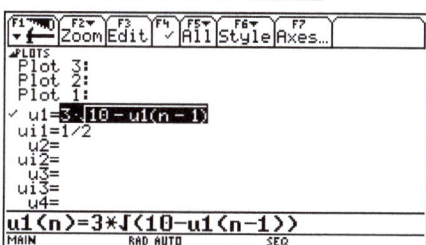

c/ Représenter l'évolution de la suite (u_n) en fonction de n

[F7] [▷] [1] [ENTER]

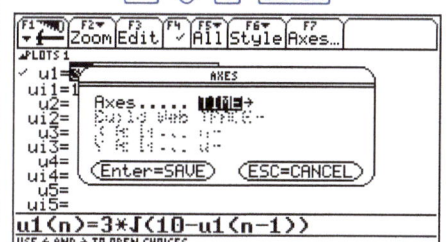

d/ Veiller à correctement choisir les paramètres de la construction

[◆] [WINDOW] ... [ENTER]

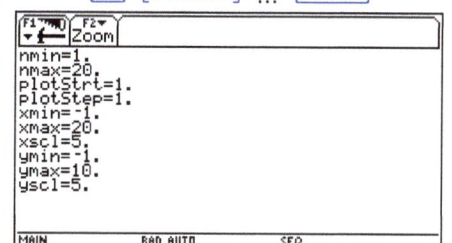

e/ Visualiser la représentation graphique de la suite récurrente

[◆] [GRAPH], puis [F3] et [▷] ... [▷]

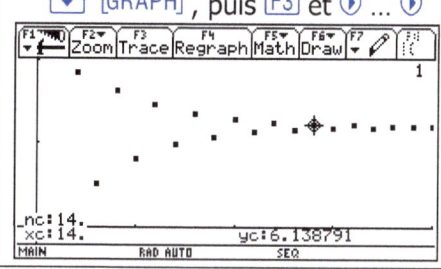

f/ On peut visualiser des termes

[◆] [TBLSET] ... [ENTER] [ENTER]

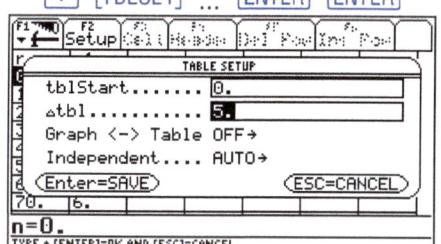

g/ La suite semble converger vers 6

[◆] [TABLE], puis [▽] ... [▽]

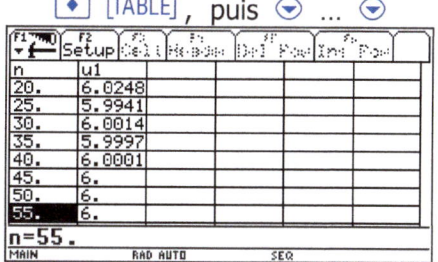

h/ Adapter la largeur des colonnes

[F1] [9] [▷] [▽] ... [▽] [ENTER]

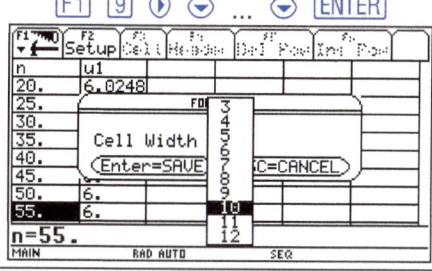

i/ Se remettre dans la configuration du b/ pour la convergence

[◆] [Y=] [F7] [▷] [2] [ENTER]

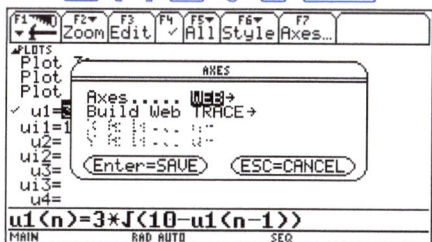

j/ Faire un premier choix des paramètres de la construction

[◆] [WINDOW] ... [ENTER]

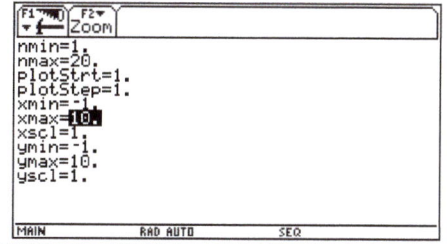

k/ Construction de la droite $y=x$ ainsi que de la courbe de $y=f(u_n)$

[◆] [GRAPH]

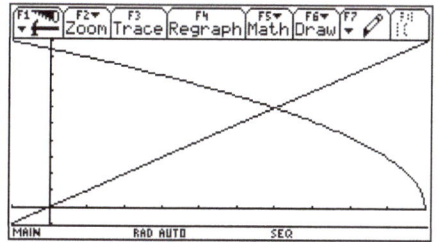

l/ Faire un ZoomSqr afin d'obtenir une construction dans un ...

[F2] [▽] [▽] [▽] [▽]

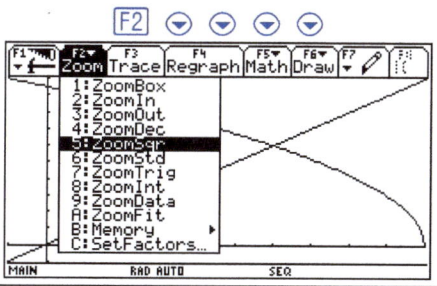

m/ ... repère orthonormé (même norme d'abscisse et d'ordonnée)

[ENTER]

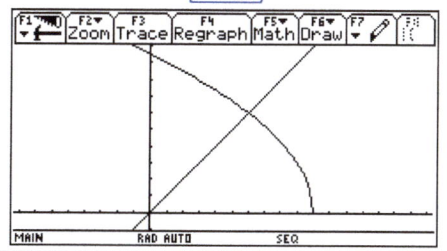

n/ On obtient la construction des termes pas à pas par appui sur:

[F3] [▷] ... [▷]

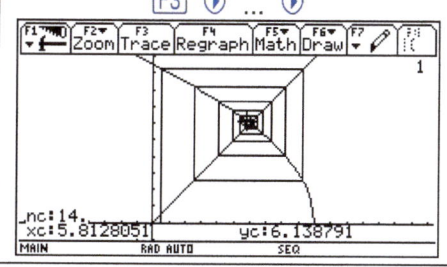

Remarque: Des représentations graphiques du **e/** comme du **n/** nous conjecturons que la suite converge vers 6.

Graphismes en 3D
Ti89 - Ti92 - V200

La photocopie tue le livre

Préambule

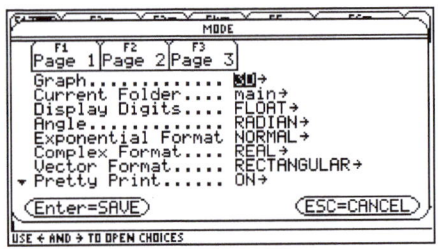

On configure la calculatrice pour un tracé en 3 dimensions en validant successivement:
[MODE] ▶ [5] [ENTER]

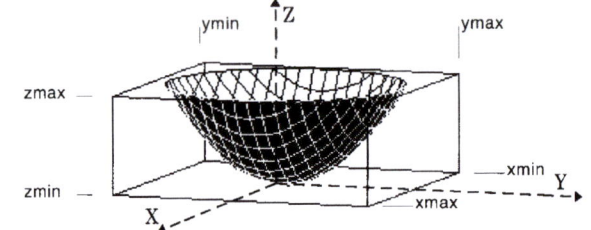

- La calculatrice permet de représenter la partie de la surface d'équation $z=f(x,y)$ contenue dans la boîte délimitée par les valeurs de xmin, xmax ymin, ymax, zmin et zmax accessibles depuis ◆ [WINDOW]
- Les paramètres xgrid et ygrid déterminent le nombre de lignes obtenues
  Attention: une valeur trop élevée pour xgrid et ygrid ralentie les calculs.
- eyeθ, eyeφ, eyeψ définissent l'angle d'observation de la surface (en d°)

Demi-cylindre d'axe Ox et de rayon R=2

C'est une surface de l'espace d'équation $y^2 + z^2 = R^2$, c'est-à-dire $z^2 = R^2 - y^2$ qui s'écrit $z = \pm\sqrt{4-y^2}$ si $R=2$

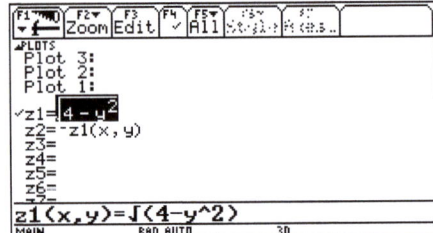 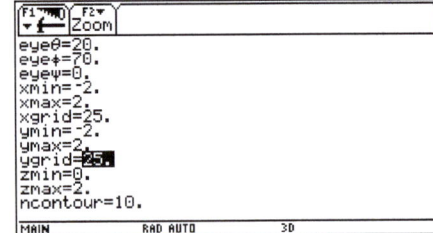 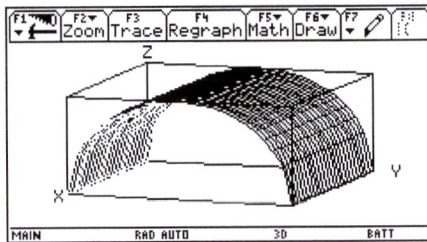

Demi-cône d'axe Oz et d'angle d'ouverture θ=45°

C'est une surface de l'espace d'équation $x^2 + y^2 = (\tan\theta)^2 z^2$ avec ici $\tan\theta = 1$ si $\theta = 45°$ donc $z = \pm\sqrt{x^2+y^2}$

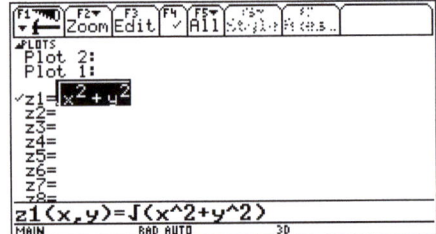 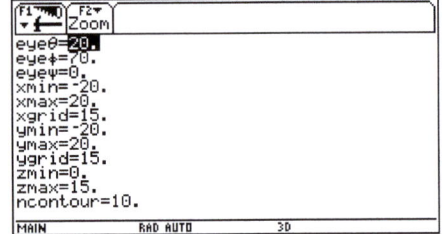 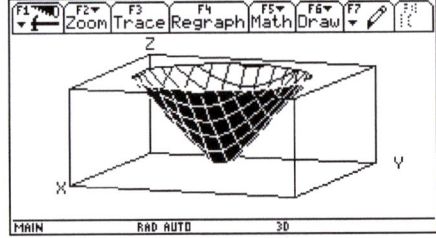

Paraboloïde elliptique (bol) d'axe Oz

C'est une surface de l'espace d'équation $z = (x/a)^2 + (y/b)^2$ où $a \in \mathbb{R}^*$ et $b \in \mathbb{R}^*$, soit par exemple $(a,b) = (1,1)$

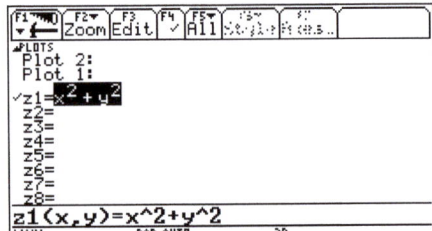 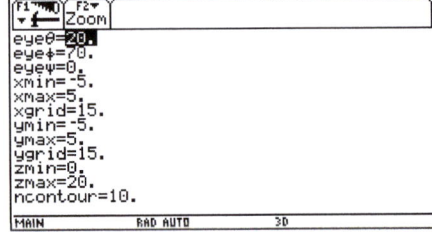 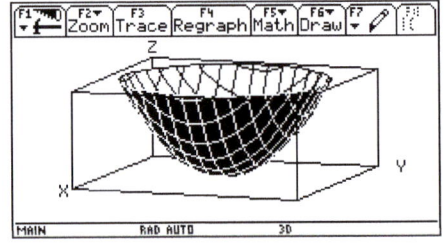

Paraboloïde hyperbolique (à selle)

C'est une surface de l'espace d'équation $z = (x/a)^2 - (y/b)^2$. Un changement de variable permet d'écrire $z = XY$

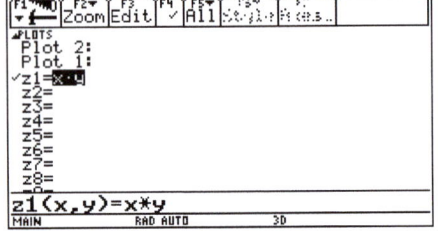 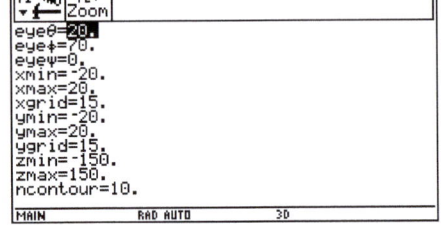 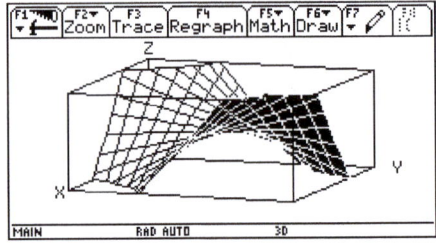